森林蔬菜（山野菜）鉴别与加工

SENLIN SHUCAI (SHANYECAI)
JIANBIE YU JIAGONG

丁 敏 倪荣新 宋艳冬 主编

中国农业出版社
北 京

编 写 人 员

前　言

　　森林蔬菜是指可食用的野生植物，俗称山野菜。它们长期生长在河畔湖荡、深山幽谷、茫茫草原等自然环境中，具有很强的生命力，未受污染，是天然绿色食品。

　　森林蔬菜具有很高的营养价值，含有大量人体需要的脂肪、蛋白质和维生素 A、维生素 B_1、维生素 B_2、维生素 C、维生素 D、维生素 E 等多种矿物质和微量元素，深受群众喜爱。森林蔬菜种类繁多，营养价值也各有不同，在人们追求"绿色、有机、无污染"食品的同时，也出现了因缺乏对森林蔬菜的正确认识导致食用后身体不适甚至中毒的个案，由此可见，正确认识森林蔬菜，掌握其科学制作方法，才能达到"药食同源"的养生效果。

　　本书简要地向读者介绍了酸、苦、辛、甘、咸和淡味森林蔬菜相对应的不同功效，生活中容易误采、误食的有毒森林蔬菜，以及常见吃法。重点介绍了森林蔬菜烹饪方法及适用人群。全书内容丰富、通俗易懂、可操作性强。

由于成书时间仓促，编者水平有限，疏漏难免，敬请广大读者见谅！

编　者

2019.7

目　录

一、森林蔬菜怎么吃

我国自古就有采食森林蔬菜的习惯。森林蔬菜俗称山野菜，主要分布在山区林中、林下或林缘，无污染、纯天然。森林蔬菜既有一二年生草本、多年生灌木和乔木，也有陆生和水生植物。其供食部位有根、茎、叶、花、果、嫩苗或成株。

（一）森林蔬菜妙处多

1. 营养价值

森林蔬菜营养成分大多高于栽培蔬菜，特别是维生素和无机盐含量较为突出，有的高出十几倍，甚至上百倍。据《中国野生蔬菜图谱》记载，234 种野生蔬菜中，每百克鲜重含胡萝卜素高于 5 毫克的有 88 种，含维生素 B_2 高于 0.5 毫克的有 87 种，含维生素 C 高于 100 毫克的有 80 种，含钙量在 200 毫克以上的有 43 种。

森林蔬菜富含蛋白质、脂肪、糖类、膳食纤维、维生素、多种氨基酸和多种矿质元素，营养价值普遍高于大白菜、包心菜和萝卜等日常蔬菜。如荠菜的蛋白质含量是大白菜的4.3倍；土人参的脂肪含量是包心菜的11倍；蕨菜的总糖含量是萝卜的1.6倍，胡萝卜素和维生素C的含量远远高于大白菜、包心菜和萝卜；香椿的胡萝卜素含量相对较低，但也是大白菜的9.3倍；蒲公英的胡萝卜素含量是大白菜的73.5倍；山芹的维生素C含量特别高，每百克鲜品中含量达209毫克，并且含有一般蔬菜中没有的维生素E及亮氨酸、赖氨酸、蛋氨酸、苯丙氨酸等10多种氨基酸，氨基酸总含量1 861.1毫克。

2. 药用价值

我国药典上已明确记载多种森林蔬菜的药用功效，如败酱草全草入药，有清热解毒、消痈排脓和祛瘀止痛之功效，用于热毒痈肿、血气胸腹痛等；荠菜带根全草入药，有和脾利水、止血、明目之功能，用于水肿、淋病、痢疾、吐血、便血、血崩、目赤肿痛等症；马兰全草入药，具有凉血止痢、解毒消痈之功效，用于湿热泻痢、火毒疮疖等；蒲公英全草入药，具有清热解毒、利湿之功效，用于热毒痈肿疮疡、内痈、湿热黄疸及小便淋沥涩痛等；土人参根可入药，有强壮滋补之功效，主治病后体虚、劳伤咳嗽、月经不调、乳汁不足、遗尿、盗汗等症。

我国民间也有很多森林蔬菜治疗常见病的验方，如人参菜有补气作用；藤三七具滋补壮腰膝、消肿散淤及活血、抗炎症和保肝的作用；紫背菜、富贵菜含有黄酮苷，可以延长维生素 C 的作用，减少血管紫癜，提高抗寄生虫和抗病毒的能力，对肿瘤有一定的疗效；野芫荽具有消炎作用，对咽喉炎治疗效果良好；猫须草可治肾结石；马齿苋治疗痢疾；树参根及枝、叶入药，常用于风湿性关节炎、跌打损伤、陈伤、半身不遂、偏头痛、月经不调等症；一点红、野茼蒿等多数森林蔬菜具有清热解毒的作用。故又有人把森林蔬菜称为排毒菜。

森林蔬菜有各种不同的味道。味道不同，功效不同。

酸味森林蔬菜 富含维生素 C 和有机酸。具有生津止口渴、滋阴补液的功效，还有止血的作用。为了保持这类森林蔬菜的原有成分，最好生吃或做成凉拌菜。

苦味森林蔬菜 富含抗菌消炎、清热解毒的物质。有健脾养胃、帮助消化的作用，还有爽心、解暑、宁神等功效，如茼蒿、苣荬菜。

辛味森林蔬菜 含有挥发油及辣素。有通经活血，行气止痛的功效，有预防感冒、风湿性关节炎、气滞腹痛的作用，如香椿芽、艾蒿等。

甘味森林蔬菜 味甜或微有甜味，富含糖、蛋白质等营养滋补成分。有健脾补气、强身壮体的功效，有提高免疫功能，调节生理功能，增强体质，防癌抗癌等多种功能。作为食用的森林蔬菜大都属于甘味，如荠菜、蕨菜、蘑菇菌类等。

咸味森林蔬菜 这类森林蔬菜较少，海中的藻类、海带等海洋植物多为咸味。中医认为，"咸"有软坚散结的作用，还有润下、滋养肝肾、泻肝火的功效。

淡味森林蔬菜 不咸、不苦、不辣、不甜、不酸，品尝一下淡而无味。有除湿利尿、健脾益气的作用和一定的营养价值。如口蘑之类等，它与肉类食物一起烹调，可增加鲜味，还可解油腻，防止肉类食品所引起的高胆固醇、高血脂，是预防心血管疾病的好食材。

（二）采食森林蔬菜当谨慎

有人担心食用森林蔬菜会引起中毒。其实，大多数森林蔬菜都不含毒物，少数森林蔬菜虽含有生物碱、亚硝酸盐等有毒物质，但含量低微，经过适当处理，可放心食用。

春夏时节，万物生长，是采食森林蔬菜的大好时机，但采食森林蔬菜要有选择，不要盲目。特别注意不要误食有毒的森林蔬菜，或夹杂在森林蔬菜里的有毒植物，轻者影响身体健康，重者会有生命危险。

1. 容易误食的几种有毒森林蔬菜

• 乌头　幼茎与山芹菜叶相似，开小白花，茎中空，茎上有沟，下部有暗红色斑点，有剧毒。

• 老旱葱　又名"藜芦"，其嫩叶像山菠菜叶，不过呈暗淡色，少水光，有剧毒。

• 苍耳　幼芽很像豆芽，又像苣荬菜的幼芽，很难区分。

• 天南星　称"虎掌草"，块茎略呈球形，掌状复叶，小叶披针形，夏季开花，有剧毒。

2. 食用森林蔬菜要注意的几个问题

• 平时不熟悉的森林蔬菜不要采摘和食用。

• 宜生吃的森林蔬菜不要煮熟吃。如山苣、婆婆丁等。这类森林蔬菜属于生食类，生吃苦中得味，若煮熟吃又黏又涩，还丧失其应有的食用价值。

• 森林蔬菜中的山菠菜、山蒜等含有微毒，必须经过浸泡解毒才能吃，如不经过浸泡后食用，会使人周身不适，所以在煮后食前务必先要在清水里浸泡2小时以上，解毒后才能吃。

• 森林蔬菜最好现采现吃，不要久存。久存的森林蔬菜不但不新鲜，而且营养成分也大大减少，尤其是久存的森林蔬菜与其他气味游串在一起容易变质，不但难吃，有时还有副作用。

·有些地方污染严重，土壤中汞、铅等重金属含量较高，这些地方生长的森林蔬菜可能肥壮鲜美，但尽量不要吃。

·过敏体质者及平常服止痛药、磺胺类药以及接触某些物质易发生过敏者，采食森林蔬菜均应慎重。

·食用森林蔬菜后，如出现周身发痒、水肿、皮疹或皮下出血等过敏症状或中毒症状，应停食森林蔬菜，严重者速送医院诊治，以免引起肝、肾功能的损害。

◆ **专家提醒**：森林蔬菜并非绝对"绿色食品"，采摘食用要慎重。近年来，森林蔬菜成了餐桌上的美味佳肴，深受城里人的喜爱。市民们不但在集市上购买，还亲自到郊外的绿地去采摘。大部分人以为这是绝对的"绿色食品"，但事实并非如此。特别是城市人口密集的地区、工厂和居民区附近，以及受污染的河流、水体附近的森林蔬菜更不能食用。

（三）食用森林蔬菜要得法

科学地食用森林蔬菜，既保有森林蔬菜鲜美的味道，又使其营养成分无损失。森林蔬菜依品种特点选择不同的食用方法。民间食法有以下几种：

生食 凡是无毒、口感好的森林蔬菜都可生吃，如酸模叶蓼、华北大黄、小根菜等，洗净后即可生食或调味拌食。这种吃法，维生素、矿物质等营养成分不会损失或损失很少。

漂烫后食 有些无毒味美的森林蔬菜，如马齿苋、灰条菜、海乳草、水芹菜、马兰头等，洗净后用开水烫过，再加入调料拌食。这种吃法可去掉一些苦涩味，营养损失也不大。

炒食、煮汤或做馅 无毒和无不良异味的森林蔬菜，如地肤、野苋、荠菜、豆瓣菜、鸡冠菜、车轮菜、刺儿菜、野茼蒿、蕨菜、鸭跖草等，将其嫩茎叶洗净后，即可炒食或煮食，也可以做成馅。这种吃法味道可口，营养素损失不多。

煮沸、浸泡、去汁后炒食 有苦涩味的森林蔬菜，如龙芽草、苦凉菜、蒌蒿等，可食部分洗净后先开水烫过或煮沸，再用清水浸泡，挤去汁水，随后炒食。这种吃法可减除苦涩味，但水溶性维生素也丢失较多。

加工干菜或盐腌 一些容易大量采集，但季节性强、采摘期短的森林蔬菜，如黄花菜、蕨菜等，可在开水烫煮后晒成干菜或盐腌，以备缺菜时食用。这种方法，便于运输外售，但较麻烦，须掌握其加工技术，保证色、形、营养素等兼具。

　　还有少数森林蔬菜可加工成细嫩的豆腐样物，像分布在华东、中南和西南地区的豆腐菜。

二、森林蔬菜怎么做

(一) 黄秋葵 ◆

　　黄秋葵，别名秋葵夹、羊角豆、羊角椒、洋辣椒，是锦葵科一年生的草本植物，以采收嫩荚供食用，嫩花和叶也可食用。原产于非洲，之后进入美洲地区。我国浙江、江苏、山东、广西、重庆、安徽、黑龙江、陕西等地现在都有种植。《本草纲目》记载，

20 世纪初由印度引入我国。

【营养成分及作用】黄秋葵以嫩荚果为食，可炒食、凉拌或做汤及制罐、速冻等。每百克嫩果可提供 150 千焦的热量，嫩果含有丰富的维生素和钾、钙、磷等多种微量元素，具有抗动脉硬化、防止心脑血管疾病的功效。还含有一种黏性液质及阿拉伯聚糖、半乳聚糖、鼠李聚糖、蛋白质、草酸钙，有帮助消化、增强体力、保护肝脏、强肾补虚、健胃整肠之功效，对男性器质性疾病有辅助治疗作用，是一种营养保健蔬菜。近年来，在日本、中国台湾、中国香港等国家及地区已成为畅销蔬菜，也是许多国家运动员食用之首选蔬菜。

【菜谱】

1. 凉拌黄秋葵

主料：鲜黄秋葵 500 克。

调料：根据自己口味配制。

制法：将黄秋葵洗净，切去果蒂（注意不要切破果实，以免黏液流出），放入沸水锅中烫 3～5 分钟，捞入漏勺沥水，然后放入盘内，蘸调料食用。

功效：助消化，增强体力，保护肝脏，强肾补虚，健胃整肠。

2. 清炒黄秋葵

主料：鲜黄秋葵、猪精肉各适量。

调料：精盐、味精、精制植物油、醋各适量。

制法：将黄秋葵洗干净去蒂后入沸水锅中烫 1 分钟，捞起后切成厚约 1 厘米的斜片待用。取猪精肉切片，放入油锅中略炒后再加入黄秋葵片，用旺火快炒，滴入几滴醋，减少黏滑性，加入调味料后再翻炒几下即可装盘，趁热食用。

功效：助消化，治疗胃炎、胃溃疡，保护肝脏，增强人体耐力。

3. 秋葵鲫鱼羹

主料：黄秋葵 100 克，鲫鱼 4 条（500 克）。

调料：葱、姜各 10 克，精盐 3 克，酱油 10 克，湿淀粉 10 克，猪油 20 克，白糖、香油各适量。

制法：将鲫鱼去腮、内脏、鳞后洗净，黄秋葵削柄洗净切小段，鱼放锅内加水 1 000 克，煮熟捞出，拆下鱼肉，将鱼汤倒出待用。锅内放猪油烧热，下葱姜煸香，放入鱼肉、黄秋葵、酱油、白糖、精盐，用鱼汤烧至入味后用湿淀粉勾芡，出锅淋香油即可。

功效：和胃调中，补益利水，壮阳，消炎，可防治慢性胃炎、肝炎和胃溃疡。

4. 香菇黄秋葵汤

主料：黄秋葵 250 克，水发香菇 20 克，冬笋丝 15～20 克。

调料：精盐 3 克，味精 2 克，香油 10 克。

制法：将黄秋葵削柄，去杂洗净，切段。香菇、冬笋分别切丝。将锅中放汤 750 克，烧沸后加入香菇丝、冬笋丝同煮，煮沸后加入黄秋葵、精盐、味精煮至入味，出锅淋上香油即可。

功效：能保持人体消化道和呼吸道的润滑，促进含胆固醇物质的排泄，减少脂类物质在动脉管壁上的沉积，保持动脉血管的弹性，防止肝脏和肾脏中结缔组织萎缩和胶原病的发生等。

5. 炸黄秋葵

主料：黄秋葵，面粉适量，鸡蛋1枚。

调料：植物油、盐、糖和味精少许。

制法：取面粉适量，加入鸡蛋、盐、糖、味精、水调成糊状，黄秋葵去蒂后裹上面粉糊，下油锅炸，炸至乳黄色时起锅装盘，蘸调味料食用。经油炸后的黄秋葵，黏滑感少，较受消费者喜爱。

功效：健胃。

（二）枸杞

枸杞，中药称枸杞子，茄科、枸杞属植物，也可作一年生绿叶蔬菜栽培。原产东亚温带地区，是我国宁夏名特产，自古即作为森林蔬菜和中药材使用。

【营养成分及作用】　　枸杞的嫩茎叶和果实均可食用，其嫩茎叶可炒食、做汤，果实也可做菜。嫩茎叶营养丰富，每百克含有蛋白质3～5.8克、脂肪1克、糖类8克、粗纤维2克、胡萝卜素3.9克、

维生素 B_1 0.23 毫克、维生素 B_2 0.33 毫克、钙 15.5 毫克、磷 67 克、铁 3.4 毫克，此外还含有生物碱、甙类及胺类化合物。其果实含有甜菜碱，根皮含有桂皮酸和多量酚类物质，是补肾益精、养肝明目之良药。

【菜谱】

1. 枸杞头炒竹笋

主料：嫩枸杞头 500 克，熟笋 50 克。

调料：料酒、精盐、味精、白糖、植物油各适量。

制法：将枸杞头嫩茎去杂洗净、沥干水。熟笋洗净切成细丝，炒锅加油烧热，烧至八成热时投入枸杞头、笋丝一起煸炒，加精盐、料酒、白糖、味精，烧沸起锅装盘上桌即可。

功效：枸杞头嫩茎叶，能补虚益精，有明目、安神作用。竹笋含有丰富的植物纤维素，能起到减肥的作用。两者相配组成此菜，具有清肝明目及健美的作用，常食能润肤养颜、延年益寿。

2. 枸杞叶炒腰花

主料：枸杞叶 250 克，猪腰一对。

调料：葱末、姜丝各 5 克，料酒 6 克，酱油 6 克，精盐 5 克，香油 4 克，米醋 20 克，味精 2 克，植物油 30 克。

制法：枸杞叶洗净，入沸水中焯一下，捞出过凉，控干，切成段。猪腰每个一切为二，去臊，洗净，正面斜划花刀，再切成片，用米醋略泡，再用清水洗净，入沸水中焯一下，过凉水，捞出沥净水。锅置火上，放油烧至六成热时，投入葱末、姜丝、腰花煸炒，加料酒、酱油、枸杞叶段、精盐、味精翻炒，淋入香油，出锅即可。

功效：温阳补肾。

3. 枸杞叶烧豆腐

主料：枸杞叶 250 克，老豆腐 1 块。

调料：精盐 4 克，白糖 4 克，料酒 5 克，水淀粉 10 克，植物油 30 克。

制法：枸杞叶洗净，入沸水中焯一下，捞出过凉，控干，切成段。豆腐切成小块，在沸水中焯一下，沥净水。锅置火上，放油烧至六成热时，下入豆腐块煎至两面呈黄色，烹料酒，加枸杞叶段、白糖、精盐及少量清水，焖 5 分钟，用水淀粉勾芡即可。

功效：清热解毒，利水消肿。

4. 枸杞叶拌肚丝

主料：枸杞叶 250 克，熟猪肚 200 克。

调料：精盐 4 克，米醋 10 克，葱末 5 克，香油 5 克。

制法：枸杞叶洗净，放入沸水中焯一下，捞出过凉，控干，切成段。熟猪肚切成丝。枸杞叶段、猪肚丝、精盐、米醋、香油放入盘中，拌匀即可。

功效：补中益气，清热明目。

5. 枸杞叶鸡茸羹

主料：枸杞叶、鸡脯肉各 100 克，枸杞子 15 克，嫩玉米粒 50 克。

调料：鸡汤适量，料酒 10 克，精盐 5 克，水淀粉 15 克。

制法：枸杞叶洗净，沥净水，切成段。鸡脯肉洗净，切成粒，加料酒略腌。汤锅置旺火上，加入鸡汤，烧沸后下入鸡肉粒推散至熟，将鸡肉捞入汤碗。撇去汤锅中浮沫，下入枸杞叶段、枸杞子，加精盐，用水淀粉勾芡后倒入盛鸡肉粒的汤碗内，拌匀即可。

功效：补虚益精。

6. 枸杞子茄汁鱼片

主料：枸杞子 25 克，净青鱼肉 250 克，鸡蛋 2 枚，番茄酱 60 克。

调料：白糖 40 克，精盐 5 克，味精 2 克，淀粉 10 克，水淀粉 10 克，香油 10 克，油 150 克。

制法：枸杞子洗净放入碗中，上笼蒸熟。鱼肉切成 3 厘米×2 厘米的片，加入用鸡蛋液、淀粉调成的蛋糊，抓匀。锅置火上，放油烧至五成热时，将鱼片逐片下锅，炸透后捞出沥油。原锅留少许底油，复置火上，烧至五成热时，下入番茄酱、枸杞子、白糖、精盐、味精、鱼片和少量清水，炒匀后用水淀粉勾芡，淋上香油，颠炒均匀即可。

功效：养肝明目，祛风化湿，补肾宁心。

7. 枸杞子银耳羹

主料：枸杞子 20 克，红枣 10 克，银耳 50 克。

调料：冰糖 20 克。

制法：枸杞子洗净。银耳用清水浸发，去蒂，洗净，撕成小朵。红枣洗净去核。汤锅置火上，放入适量清水，加入枸杞子、银耳、红枣，用旺火煮沸后，再用小火炖 1 小时，加冰糖，调匀即可。

功效：滋阴润燥，益气养胃。

（三）土人参

土人参，别名土高丽参、绿兰菜、飞来菜，俗称土菜，旗参。属马齿苋科肉质草本植物。原产非洲，我国广东、广西、海南等地都有分布。食用部分为带有成熟叶片的嫩梢，其质地细嫩、柔滑清香。可炒食、做汤或作为火锅料。肉质根可炖汤，有滋补强壮作用，也可泡酒。

【营养成分及作用】土人参的嫩梢含有较为丰富的蛋白质、脂类碳水化合物、钙、磷、胡萝卜素、维生素 B_1、维生素 B_2、维生素 B_5 及维生素 C 等。具有清热解毒、畅通乳汁、补中益气等功效，对气虚乏力、泄泻、肺燥咳嗽、神经衰弱等症有一定的功效。

【菜谱】

1. 猪骨土人参汤

主料：猪脊骨 500 克，土人参 12 克，石斛 12 克，茯苓 12 克，菠菜 100 克。

调料：葱花、姜片、精盐、味精各适量。

制法：将猪脊骨洗净放入热水锅内，加入生姜，烧沸后去掉浮沫，煮至熟。将石斛、土人参、茯苓用纱布包好，放入猪脊骨汤中，再煮 20 分钟，拣去药包。将菠菜择洗干净，切段，放入汤中煮沸，加入精盐、味精、葱花调好味，即可出锅装盘上桌。

功效：滋阴润燥，祛痰止咳。适用于消渴、肺热燥咳、虚咳久咳、阴伤、咽干、津少、阴虚内热等病症。

2. 土人参炖母鸡

主料：土人参 50 克，母鸡 1 只。

调料：葱段、姜片、料酒、精盐、味精、酱油各适量。

制法：将土人参去杂洗净。鸡宰杀，洗净后入沸水锅汆一下，捞出后用清水洗去血污。锅上火，加适量的水，放入鸡煮沸，撇去浮沫，加入土人参、料酒、精盐、味精、酱油、葱段、姜片，改为文火炖至鸡肉熟烂，出锅即成。

功效：补脾胃，养阴液。

3. 清炒土人参叶

主料：土人参嫩茎叶 500 克。

调料：味精、精盐、猪油各适量。

制法：将土人参嫩茎叶去杂洗净，入沸水锅中焯一下，捞出挤干水。锅上油烧热，投入土人参嫩茎叶、精盐，炒至入味，点入味精，出锅即成。

功效：扶正祛邪，提高抵抗力。

4. 参竹心肺汤

主料：土人参 15 克，玉竹 15 克，猪心、肺各 1 个（约重 700 克）。

调料：葱、姜片各 15 克，精盐 8 克，味精 2 克，胡椒粉 10 克，肉汤 500 克。

制法：将土人参、玉竹择洗干净，用纱布包起来备用。将猪心、肺冲洗干净，放锅中，并注入肉汤及清水 400 克。将锅置旺火上烧开，加葱、姜，改小火炖至心肺熟透，捞出晾凉，切片，放入碗中。汤加入调味品，撒上胡椒粉，浇在碗中即可。

功效：清热解毒。

5. 参竹炖老鸭

主料：土人参 50 克，玉竹 50 克，老鸭 1 只（约重 1 500 克）。

调料：葱段 20 克，姜片 20 克，盐 15 克，味精 4 克，胡椒粉 2 克，南酒 10 克，香油 12 克，植物油 30 克。

制法：将鸭宰杀，去毛、内脏，洗净后焯水，切块。将土人参、玉竹洗净。锅烧热，加底油，将鸭块放入煸炒，加南酒、葱、姜、盐，共同煸炒至水开，去浮沫，小火炖鸭熟烂，加入胡椒粉、味精，拣出土人参、玉竹、葱、姜，淋上香油，盛入汤盘即成。

功效：补中益气。

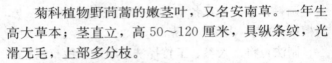

（四）野茼蒿

菊科植物野茼蒿的嫩茎叶，又名安南草。一年生高大草本；茎直立，高50～120厘米，具纵条纹，光滑无毛，上部多分枝。

【营养成分及作用】野茼蒿每百克嫩茎叶含水分93.9克、蛋白质1.1克、脂肪0.3克、纤维1.3克、钙150毫克、磷120毫克，还含有多种维生素等。野茼蒿性味平，具有健脾消肿、清热解毒、行气、利尿的功效。对感冒发热、痢疾、肠炎、尿路感染、营养不良性水肿、乳腺炎等症有疗效。野茼蒿辛香滑利，胃虚泄泻者不宜多食。

【菜谱】

1. 凉拌野茼蒿

主料：野茼蒿嫩茎叶350克。

调料：精盐、味精、麻油各适量。

制法：将野茼蒿去杂洗净，入沸水锅内焯透，捞出，挤干水切碎，加调料拌匀。

功效：健脾，消肿，行气。

2. 野茼蒿炒肉丝

主料：野茼蒿嫩茎叶 250 克，猪肉 100 克。

调料：精盐、味精、料酒、葱花、姜末、植物油各适量。

制法：将野茼蒿去杂洗净，焯后切段。猪肉切丝。将调味料放碗内搅匀成芡汁。锅加油烧热后，下肉丝煸炒，倒入芡汁，肉丝炒至熟并入味，投入野茼蒿，炒入味。

功效：此菜由野茼蒿与滋阴润燥、补中益气的猪肉相配而成，具有健脾滋阴、消肿解毒消渴的功效。适用于体虚乏力、营养不良性水肿、阴虚咳嗽、感冒发热、尿路感染等病症。

3. 野茼蒿炒猪肝

主料：野茼蒿 350 克，猪肝 250 克。

调料：葱末 10 克，精盐 5 克，料酒 10 克，白糖 5 克，味精 2 克，植物油 30 克，酱油 5 克。

制法：野茼蒿洗净，沥净水，切成段。猪肝洗净，切成片，加料酒、精盐、酱油，抓匀。锅置火上，放油烧至五成热时，投入葱末煸香，倒入猪肝煸炒，加料酒、精盐、白糖，煸炒至熟，加入茼蒿段继续煸炒，加味精，炒匀即可。

功效：养血，补肝，明目。

4. 野茼蒿笋菇羹

主料：野茼蒿 250 克，火腿丁、竹笋丁、香菇丁各 50 克。

调料：豆粉 10 克，精盐 5 克，香油 5 克。

制法：野茼蒿洗净剁碎，榨汁，将汁水拌入豆粉。锅置火上，加清水，煮沸后倒入火腿丁、竹笋丁、香菇丁，改用小火煮 10 分钟，加精盐，用野茼蒿豆粉汁勾薄芡，淋入香油即可。

功效：开胃，安神。

5. 野茼蒿鸡丝汤

主料：嫩野茼蒿 150 克，鸡脯肉 75 克。

调料：葱丝、姜丝各 7 克，鸡清汤 1 碗，精盐 5 克，味精 2 克，酱油 5 克，料酒 10 克，香油 5 克。

制法：嫩野茼蒿洗净，切成寸段。鸡脯肉洗净，切成丝，加精盐、葱丝、姜丝、味精、酱油、料酒，抓匀，腌渍 15 分钟。砂锅置火上，注入鸡清汤，加适量水，烧沸后加入鸡丝及茼蒿，煮 2 分钟，淋入香油即可。

功效：温脾养胃，理气化痰。

6. 野茼蒿鱼羹

主料：嫩野茼蒿 100 克，鲈鱼 1 条，木耳 10 克。

调料：葱结 25 克，姜末、蒜末各 2 克，胡椒粉

2 克，清汤 200 克，酱油 20 克，水淀粉 20 克，精盐 1 克，味精 2 克，米醋 10 克，料酒 15 克，油 30 克，香油 10 克。

制法：鲈鱼去头、鳞及内脏，洗净，除去鱼皮，沿脊前骨劈成两半，放入盘中。加葱结 10 克、姜末少许、料酒 10 克，上笼用旺火蒸熟，取出，去葱结、姜末，卤汁滗入碗中，鱼肉用竹筷拨碎，将鱼肉倒回原卤汁中。野茼蒿洗净，放入沸水中焯熟，捞出沥净水，加少许香油、精盐、米醋，拌匀。锅置火上，放油烧至五成热时，投入葱结 15 克煸香，加清汤，沸后加料酒 5 克，捞出葱结，放入野茼蒿段，再沸时将鱼肉同原汁倒入锅内，加酱油、精盐，汤沸后加味精，用水淀粉勾薄芡，淋入香油，起锅入盆后撒上胡椒粉。

功效：补脏，强筋骨。

（五）三叶芹

三叶芹，俗名鸭脚板，属伞形花科草本植物。全株无花，株高 30～90 厘米，有叉状分枝。基生叶和茎下部叶三出，三角形，中间小叶菱状倒卵形，侧生小叶斜卵形，边缘均有类锯齿。采其幼苗、嫩茎和叶炒食或拌食，味道清香。

【营养成分及作用】三叶芹含有多种营养成分，

特别是胡萝卜素含量较高，每百克鲜三叶芹含水量
7.85 毫克、维生素 B_1 0.06 毫克、维生素 B_2 0.26 毫
克、维生素 C 18 毫克、糖类 9 克、蛋白质 2.7 克、
脂肪 0.5 克、烟酸 0.7 毫克、磷 46 毫克、钙 338 毫
克、铁 20 毫克，具有消炎、解毒、活血消肿的功效。
治疗肺炎、肺脓肿、疝气、淋病、两目昏花、夜盲等
症，常人食用有助于增强人体免疫功能。

【菜谱】

1. 炒三叶芹

主料：三叶芹 500 克。

调料：精盐、味精、葱花、猪油各适量。

制法：将三叶芹去杂洗净，入沸水锅焯一下，捞
出洗净切段。锅烧热加猪油，油热下葱花煸香，投入
三叶芹煸炒几下，加入精盐，炒至入味，点入味精，

出锅即成。

功效：消炎，解毒，活血消肿。

2. 三叶芹炒豆腐

主料：三叶芹 300 克，豆腐 200 克。

调料：精盐、味精、葱花、猪油各适量。

制法：将三叶芹择洗干净，入沸水锅焯一下，捞出洗净切段。豆腐切成小块。锅烧热加猪油，油热下葱花煸香，投入豆腐、三叶芹煸炒几下，加入精盐，炒至入味，点入味精，出锅即成。

功效：此菜由三叶芹与滋阴润燥、养血、益气、和胃的豆腐相配而成，可为人体提供丰富的蛋白质、胡萝卜素等营养成分，具有活血、消炎、和胃的功效。适用于消渴、腹胀、食欲不振、消化不良、肺炎、肺脓肿等病症。

3. 牛肉丝炒三叶芹

主料：三叶芹 300 克，瘦牛肉 75 克。

调料：酱油 20 克，精盐 4 克，料酒 5 克，葱末、姜末各 4 克，水淀粉 10 克，植物油 50 克。

制法：三叶芹洗净，切成 3 厘米长的段，用沸水烫一下，捞出用凉水过凉，控净水分。瘦牛肉洗净，自横断面切成丝，加酱油、料酒、水淀粉，抓匀。炒锅置火上，放油烧至七成热时，下入葱末、姜末煸香，再放入牛肉丝用旺火炒散，盛出待用。净锅复置火上，放油烧至七成热时，下入三叶芹段煸炒，加精盐，倒入牛肉丝，并加入余下的酱油、料酒，急炒几下即可。

功效：滋养脾胃，强健筋骨。

4. 三叶芹炒猪心

主料：三叶芹 100 克，猪心 200 克，胡萝卜 50 克。

调料：酱油 5 克，精盐 4 克，味精 3 克，料酒 5 克，水淀粉 15 克，白糖 10 克，姜片 3 片，高汤少许，植物油 250 克（实耗 70 克）。

制法：三叶芹洗净，切成 3 厘米长的段。猪心洗净，去筋切成片，加入水淀粉 7 克、精盐 1 克，拌匀。胡萝卜洗净，切成象眼片。炒锅置旺火上，放油烧至八成热时，下入猪心片，用手勺搅散，待猪心滑熟后倒入漏勺，控净油。净锅置火上，放油 40 克，烧至七成热时，下姜片炝锅，投入三叶芹段、胡萝卜片煸炒几下，再放入猪心、料酒、酱油、精盐、味精、白糖、高汤，待汤汁稍沸，用水淀粉勾芡，装盘即可。

功效：补中益气、生津液。

5. 三叶芹鱼丝

主料：三叶芹心 150 克，净青鱼肉 200 克，鸡蛋 2 枚。

调料：精盐 3 克，葱丝 10 克，姜丝 5 克，水淀粉 30 克，料酒 15 克，味精 1 克，香油 20 克，高汤 80 克，植物油 300 克（实耗 50 克）。

制法：三叶芹心洗净，切成寸段。青鱼肉顺丝切成 6 厘米长的细丝，加蛋清 20 克、精盐 1.5 克、水淀粉 20 克，拌匀上浆。炒锅置火上，放油烧至三成热时，下入已浆过的鱼丝，用筷子轻轻划散，待变色后连油一起倒入漏勺，沥净油。炒锅留少许底油，烧热后投入葱丝、姜丝煸炒几下，倒入三叶芹段翻炒几下，加精盐、味精、高汤，再放入鱼丝、料酒，用水淀粉勾芡，淋入香油，即可出锅。

功效：补气和胃、利水消肿。

6. 核桃仁拌三叶芹

主料：三叶芹 300 克，核桃仁 50 克。

调料：精盐 5 克，味精 2 克，香油 3 克。

制法：三叶芹去老叶，洗净后切成 3 厘米长的丝，放沸水锅中焯一下，再用清水过凉，捞出沥净水，用精盐、味精、香油腌渍后入盘。核桃仁用开水泡后剥去皮，再用开水泡 5 分钟，取出后放在三叶芹丝上，拌匀。

功效：补肾固精，温肺止咳，补脑益智，润肠通便。

7. 三叶芹红枣粥

主料：三叶芹 120 克，红枣 10 枚，粳米 200 克。

调料：按个人喜好调配。

制法：三叶芹洗净后切碎。红枣洗净。粳米淘洗干净。将碎三叶芹、红枣、粳米一同放入锅内，加适量清水煮成粥。

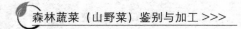

功效：适用于高血压患者，眩晕目赤者。

（六）田菠菜

田菠菜别名车轮菜、驴耳朵等，俗名叫蛤蟆草，为田菠菜科属多年生草本植物，全国各地均有分布。春季采收嫩叶、幼茎，洗净放入开水中稍烫煮，用凉水浸泡片刻，捞出，沥干，即可烹调食用。可炒食、凉拌或做汤，柔滑鲜嫩、清香适口。

【营养成分及作用】 田菠菜每百克嫩叶含水分 79 克、碳水化合物 10 克、蛋白质 4 克、脂肪 1 克、钙 309 毫克、磷 175 毫克、铁 25 毫克、胡萝卜素 5.8 毫克、维生素 C 23 毫克，还有胆碱、钾盐、柠檬酸、草酸、桃叶珊瑚甙等多种成分。田菠菜性味甘寒，具有清热、利水、明目、祛痰的功效，主治淋病、尿血、小便不通、黄疸、水肿、热痢、目赤肿痛、咽喉痛等。

【菜谱】

1. 田菠菜炖小肚

主料：鲜田菠菜 90 克，猪膀胱 200 克。

调料：精盐、味精、胡椒粉、葱段、姜片、料酒、肉汤各适量。

制法：将田菠菜择洗干净。猪膀胱洗净，入沸水中汆透，洗去尿膆味。将猪膀胱、田菠菜、盐、味精、胡椒粉、葱、姜、料酒、肉汤同入锅内，炖至熟烂，拣出葱、姜、田菠菜，饮汤。

功效：此菜由田菠菜与有补益作用的猪膀胱组成，具有清热利湿、利尿通淋的功效。民间常用治疗膀胱炎、尿道炎等症。也适用于眼结膜炎、妇女白带过多等病症。

2. 野苋田菠菜

主料：红色野苋菜（连根）50 克，鲜田菠菜 50 克。

调料：白糖少许。

制法：将野苋菜、鲜田菠菜分别洗净，加水 500 毫克，同煎，煎后加白糖适量，作茶饮。

功效：田菠菜具有清热、利尿、消炎的功效，野苋菜具有收敛、止血、抗菌消炎的功效，二者组成此饮，用于治疗尿道炎引起的血尿。还适用于小便不通、水肿、热痢、泄泻、目赤肿痛、两目昏花、喉痛等病症。虚滑精气不固者忌饮用。

3. 田菠菜田螺汤

主料：田菠菜 250 克，连壳田螺 1 000 克，红枣 10 粒。

调料：精盐、味精各适量。

制法：将田螺用清水浸养 2 天，经常换水漂去污泥，斩去田螺尾。用纱布包已清洗净的田菠菜。红枣去核、洗净，把全部用料放入刚煮沸的水锅中，用旺火煮沸后转小火煲 2 小时，放入精盐、味精调味，既可饮汤又可吃螺肉。

功效：鲜香可口，滋阴清热，利水通淋。

4. 清炒田菠菜

主料：鲜嫩田菠菜 500 克。

调料：葱花 10 克，蒜茸 10 克，精盐、味精、黄酒、麻油、精制植物油各适量。

制法：将田菠菜择洗干净，放入沸水锅中焯透后转入冷水中漂洗，取出沥干水分。炒锅上旺火，放油烧至六成热，煸葱花、蒜茸至出香，烹入黄酒，下入田菠菜、精盐炒匀，再放入味精，淋上麻油，装盘即成。

功效：解热毒，降血压。

5. 田菠菜粥

主料：鲜田菠菜 60 克，粳米约 100 克。

调料：葱白 1 根。

制法：将田菠菜洗净，切碎，同葱白煮汁后去渣，然后放入粳米，加适量水煮粥。

功效：具有利尿、明目、祛痰的功效。适于小便不通、淋沥涩痛、尿血、水肿、肠炎泻痢、黄疸、目赤肿痛、咳嗽痰多等病症。患有遗精、遗尿病者不宜食用。

6. 蒜茸田菠菜豆腐皮

主料：嫩田菠菜 300 克，豆腐皮 150 克，蒜茸 20 克。

调料：精盐 3 克，味精 2 克，黄酒 5 克，白醋 15 克，麻油 10 克。

制法：将田菠菜择洗干净，放入沸水锅中焯一下，捞出沥干水，整齐码放于盘边。把豆腐皮洗净，切成细丝，放入沸水锅中焯一下，捞出沥水，码于盘内田菠菜上。将蒜茸、精盐、味精、黄酒、白醋倒入碗中搅匀，浇于田菠菜豆腐皮上，再淋上麻油，食用时拌匀即成。

功效：清热解毒。

7. 田菠菜苋菜猪腰汤

主料：鲜田菠菜 100 克，猪腰 250 克，苋菜 100 克。

调料：精盐 5 克，醋 20 克，胡椒粉 10 克。

制法：将田菠菜去根须，洗净。苋菜洗净，切段。猪腰洗净剖开，切除筋膜，去腰臊，切成薄片。将田菠菜放入 800 克沸水锅内旺火煮开，改小火煮 15 分钟，去渣留汤。再将猪腰、苋菜放入田菠菜汤内稍煮片刻，随即加入精盐、醋、胡椒粉，沸后装入汤碗即成。

　　功效：滋阴补肾，清热通淋。

（七）鱼腥草

　　鱼腥草为三白草科蕺菜的嫩茎叶，又名蕺儿菜、折耳菜，多年生草本植物。鱼腥草大多分布于我国长江以南各省，生在沟边、田埂、湿地。鱼腥草作为野菜食用，至今已有 2 400 多年历史。全株具鱼腥气，可炒食、凉拌或做汤。

　　【营养成分及作用】 鱼腥草每百克嫩茎含碳水化合物 6 克、蛋白质 2.2 克、脂肪 0.4 克、钙 74 毫克、磷 53 毫克、挥发油（甲基正壬酮、丹桂油烯、羊脂酸、月桂醛）0.49 毫克，还含有鱼腥草素、蕺菜碱和多种维生素。鱼腥草具有清热解毒、利水消肿的功效。主治扁桃体炎、肺脓肿、尿路感染等。虚寒症及阴性外疡者少食。

【菜谱】

1. 拌鱼腥草

主料：鱼腥草 250 克。

调料：精盐、味精、花椒粉、辣椒油、白糖各适量。

制法：将鱼腥草去杂洗净，切成段，放味精、精盐、花椒粉、辣椒油、白糖，拌匀即可上桌。

功效：鱼腥草具有清热解毒、利尿消肿的功效。做成凉拌菜对上呼吸道感染、肺脓肿、尿路炎症、乳腺炎、蜂窝组织炎、中耳炎、肠炎等有一定疗效。鱼腥草性寒不宜多食。

2. 鱼腥草蒸鸡

主料：嫩乌骨鸡 1 只（重约 1 500 克），鱼腥草 200 克。

调料：精盐、味精、胡椒粉、葱段、姜片各适量。

制法：将鸡宰杀，去毛、内脏、脚爪洗净，放入沸水锅内焯一下，捞出洗净血污。将鱼腥草去杂洗净切段。取汤盆 1 个，放入全鸡、精盐、姜、葱、胡椒粉和适量清水，上笼蒸至鸡熟透，再加入鱼腥草、味精，略蒸即可出笼。

功效：此菜由清热解毒、利尿消肿的鱼腥草与温中益气、补髓添精的鸡肉相配而成，可为人体提供丰富的蛋白质、脂肪、碳水化合物等多种营养成分，具有消炎解毒、温中益气的功效。可作为肺脓肿、虚劳瘦弱、水肿、脱肛等病症患者的辅助食疗菜肴。

3. 鱼腥草炒鸡蛋

主料：鲜鱼腥草 150 克，鸡蛋 4 枚。

调料：精盐、味精、葱花、植物油各适量。

制法：将鱼腥草去杂洗净切小段，鸡蛋磕入碗内搅匀。锅内油浇热，投入葱花煸香，放入鱼腥草煸炒几下，倒入鸡蛋一起煸炒至成块，加入适量水和盐，炒至鸡蛋熟而入味，点入味精推匀即成。

功效：此菜是由鱼腥草与润肺利咽、清热解毒、滋阴润燥的鸡蛋相配而组成，具有清热解毒、滋阴润肺的功效。可作为肺炎、肺脓肿、痈肿、虚劳出血、目赤、热痢等病症患者辅助营养食疗菜肴。

4. 鱼腥草烧猪肺

主料：猪肺 250 克，鲜鱼腥草 100 克。

调料：料酒、精盐、味精、酱油、白糖、葱段、姜片、猪油各适量。

制法：将猪肺切成块，多次洗去血水。鱼腥草去杂洗净切段。锅加猪油烧热，放入猪肺煸炒几下，加入葱、姜、精盐、酱油和适量水，烧至猪肺熟，加入白糖、料酒继续烧至猪肺熟透，投入鱼腥草烧至入味，点入味精即可出锅。

功效：鱼腥草与补肺润肺的猪肺组成此菜，具有消炎解毒、滋阴润肺的功效。可作为肺炎、肺脓肿、肺虚咳嗽、咯血及肺痿等病症患者的辅助食疗菜肴。

5. 鱼腥草蛤蚧汤

主料：鲜鱼腥草 80 克，干品蛤蚧 1 个，北杏仁 15 枚，瘦猪肉 50 克。

调料：精盐、味精各适量。

制法：将鱼腥草先去杂，清洗净，待用。把蛤蚧先用温水浸泡 15 分钟，再用清水刷洗净，待用。将瘦猪肉洗净，切成大块，与鱼腥草、蛤蚧、北杏仁一起放入砂锅内，加水适量，置于火上，先用武火煮沸，改用文火煲 3 小时，加精盐、味精调味，即可食用。

功效：补肾纳气，化痰定喘。可作为治疗支气管哮喘等病症的辅助食疗菜肴。

6. 鱼腥草猪肚汤

主料：鱼腥草 60 克，猪肚 1 个（重量约 500 克）。

调料：精盐、味精少许。

制法：将鱼腥草去杂，清洗净，切成粗末，待用。把猪肚翻转去杂，用盐反复擦洗干净，再将鱼腥草放进猪肚内，置于砂锅里，加水适量，用武火煎沸，改用文火炖至肚烂，即可食用。

功效：益气养阴，清肺散邪。适合用于治疗肺痈病恢复期的气短神疲、胁痛低热等病症。

7. 糖醋鱼腥草

主料：鱼腥草 40 克。

调料：精盐、味精、白糖、醋、麻油各适量。

制法：将鱼腥草嫩茎叶去杂清洗干净，用精盐稍腌，挤干水，装盘，放入味精、白糖、醋、麻油，拌匀即成。

功效：防癌抗癌，促进食欲。

（八）败酱草

败酱草，为败酱科植物。白花败酱草、黄花败酱草的嫩叶，又名胭脂麻。为多年生草本，高 30～100 厘米；根状茎横卧或斜生，节处生多数细根；茎直立。

【营养成分及作用】败酱草嫩叶每百克含水分 79 克、蛋白质 1.5 克、脂肪 1 克、碳水化合物 10 克、胡萝卜素 6.02 毫克、维生素 B_2 0.16 毫克、维生素 C 52 毫克。败酱草性味苦平，具有清热解毒、排脓破瘀的功效。治肠痈、下痢、赤白带下、产后瘀滞腹痛、目赤肿痛。久病脾胃虚弱者忌食用。

【菜谱】

1. 凉拌败酱草

主料：败酱草嫩叶 500 克。

调料：精盐、味精、酱油、麻油各适量。

制法：将败酱草嫩叶去杂洗净，入沸水锅焯透，捞入清水洗去苦味，挤干水切碎放盘内，加入精盐、味精、酱油、麻油，吃时拌匀即成。

功效：清热散结，利水消肿，破瘀排脓。此菜适用于肠痈、下痢、赤白带下、目赤肿痛等病症。

2. 败酱草炒肉丝

主料：败酱草嫩叶 400 克，猪肉 250 克。

调料：料酒、精盐、味精、葱花、姜丝、酱油、植物油各适量。

制法：将败酱草嫩叶去杂洗净，入沸水锅内焯一下，捞出洗去苦味，挤干水切段。猪肉洗净切丝放碗内，加入料酒、精盐、味精、酱油、葱花、姜丝拌匀腌一会。锅加油烧热，倒入肉丝煸炒至入味，投入败酱草煸炒至入味，出锅即成。

功效：此菜由败酱草与滋阴润燥、补中益气的猪肉相配而成。具有滋阴润燥、清热解毒的功效。适用于体虚瘦弱、目赤肿痛、肠痈、下痢、赤白带下、便秘等病症。

3. 败酱草狮子头

主料：鲜嫩败酱草 400 克，鸡蛋 1 枚，猪肉蓉 600 克，生姜汁 25 克。

调料：湿淀粉、料酒、白糖、酱油、精盐、味精、猪油各适量。

制法：将败酱草择去杂质，放入水中，清洗干净，投入沸水锅内焯一下，捞出，再用冷水洗去苦味，挤干水分，切成小段，待用。把猪肉蓉放入碗内，加入精盐、姜汁、蛋清、湿淀粉拌匀，打至起胶，制成 8 个肉丸，放入盘内，待用。将炒锅刷洗干净，置于火上，放入猪油，烧至七成热，放入猪肉丸子，炸至金黄，倒出余油，加入料酒、白糖、酱油、适量清水，用文火上色入味，待用。把炒锅刷洗干净，置于火上，放入猪油，烧至八成热，投入败酱草煸炒，倒入猪肉丸子，以文火煮 5 分钟，加入味精，勾芡，起锅装盘时，败酱草铺底，肉丸子排放上面，即可供食用。

功效：具有清热解毒，滋阴润燥。

（九）紫苏 ◆

　　紫苏别名赤苏、白苏，唇形科一年生草本植物，原产我国，全国各地均有分布。有绿色和紫色 2 种类型。紫苏有特殊的芳香味，嫩茎叶和种子均可食用，新鲜紫苏叶用开水冲后可作饮料，可防暑解毒。嫩茎叶可炒食、凉拌或做汤，也可作调味品。种子炒熟，研成粉末可作香料。作泡菜的香料，可以防止泡菜汤液变质。

　　【营养成分及作用】 紫苏的茎、叶、种子均有很高的营养价值。每百克幼嫩茎叶中含蛋白质 3.8 克、脂肪 1.3 克、碳水化合物 6.4 克、粗纤维 1.5 克、胡萝卜素 9.09 毫克、维生素 B_1 0.02 毫克、维生素 B_2 0.35 毫克、烟酸 1.3 毫克、维生素 C 47 毫克、钙 3 毫克、磷 44 毫克、铁 23 毫克，每百克种子含有胡

萝卜素 28.87 毫克、维生素 E 0.422 毫克、维生素 B_1 0.90 毫克、维生素 B_2 0.25 毫克。紫苏还含有紫苏醛、紫苏醇、薄荷酮、薄荷醇、丁香油酚及白苏烯酮等，具特异芳香，有防腐作用。紫苏味辛，微温，无毒，具解毒散寒、理气化痰、安胎润肠等功效，可治疗感冒、咳喘胸闷、痰多稀白、呕吐、腹胀疼痛等。

【菜谱】

1. 凉拌紫苏叶

主料：紫苏嫩叶 300 克。

调料：精盐、味精、酱油、麻油各适量。

制法：将紫苏叶洗净，入沸水锅内焯透，捞出洗净，挤干水分，切段放盘内，加入精盐、味精、酱油、麻油，拌匀即成。

功效：紫苏叶含有多种营养成分，特别富含胡萝卜素、维生素 C、维生素 B_2。丰富的胡萝卜素、维生素 C 有助于增强人体免疫功能，增强人体抗病防病能力。紫苏叶具有发表、散寒、理气的功效。此菜适用于感冒风寒、恶寒发热、咳嗽、气喘、胸腹胀满等病症。健康人食用能强身健体、泽肤、润肤、明目和健美。气表虚弱者忌。

2. 紫苏粥

主料：粳米 100 克，紫苏叶 15 克。

调料：红糖。

制法：以粳米煮稀粥，粥成，放入紫苏叶稍煮，加入红糖搅匀即成。

功效：紫苏叶具有开宣肺气、发表散寒、行气宽中的功效，与健脾胃的粳米相配成粥，适于感冒风寒、咳嗽、胸闷不舒等病症。紫苏粥是很好的健胃解暑食品。

3. 紫苏饮

主料：紫苏鲜叶3～5片。

调料：白糖。

制法：将紫苏叶洗净沥水，放入杯内用开水冲泡，放入白糖做成清凉饮料。

功效：此饮具有健胃解暑的功效。健康人在炎热天气饮用，可增强食欲，助消化，防暑降温，还可预防感冒，胸腹胀满等病症。

4. 苏子汤团

主料：紫苏子300克，糯米粉1 000克。

调料：白糖、猪油各适量。

制法：将紫苏子淘洗干净，沥干水，放入锅内炒熟，出锅晾凉研碎，放入猪油、白糖拌匀成馅。将糯米粉用沸水和匀，做成一个个粉团，包入馅即成生汤团，入沸水锅煮熟，出锅即成。

功效：紫苏子与健脾胃的糯米组合，具有宽中开胃、理气利肺的功效。适用于咳喘痰多、胸膈满闷、食欲不佳、消化不良、便秘等病症。脾胃虚弱泄泻者忌食用。

（十）蒲公英 ◆

蒲公英为菊科植物蒲公英的嫩苗，又名孛孛丁、黄花苗，在江南被叫做华花郎。是一种多年生草本植物，头状花序，种子上有白色冠毛结成的绒球，花开后随风飘到新的地方孕育新生命。是当今多国新兴的森林蔬菜的一种。

【营养成分及作用】蒲公英每百克嫩苗含水分84克，蛋白质 4.8 克，脂肪 1.1 克，碳水化合物 5 克，粗纤维 2.1 克，钙 216 毫克，磷 93 毫克，铁 10.2 毫克，胡萝卜素 7.35 毫克，维生素 B_1 0.03 毫克，维生素 B_2 0.39 毫克，烟酸 1.9 毫克，

维生素 C 47 毫克，还含有蒲公英甾醇、胆碱、菊糖、果胶等。蒲公英性味甘寒，具有清热解毒、利尿散结的功效。治急性乳腺炎、淋巴结炎、瘰疬、疔毒疮肿、感冒发热、急性扁桃体炎、胃炎、肝炎、胆囊炎、尿路感染等。《本草纲目》载"乌顺发，壮筋骨。"《随息居饮食谱》载"清肺，利嗽化痰，散结消痈，养阴凉血，舒筋固齿，通乳益精。"

【菜谱】

1. 凉拌蒲公英

主料：蒲公英 500 克。

调料：精盐、味精、蒜泥、麻油各适量。

制法：将蒲公英去杂洗净，入沸水锅焯透，捞出洗净，挤干水切碎放盘内，加入精盐、味精、蒜泥、麻油，食时拌匀。

功效：有助于增强人体免疫功能，增强人体抗病防病能力。此菜适用于急性乳腺炎、淋巴结炎、瘰疬、疔疮肿毒、急性结膜炎、急性扁桃体炎、胃炎、肝炎、胆囊炎、尿路感染等病症。

2. 蒲公英炒肉丝

主料：蒲公英 250 克，猪肉 100 克。

调料：料酒、精盐、味精、葱花、姜末、酱油各适量。

制法：将蒲公英去杂洗净，入沸水锅焯一下，捞出洗净，挤水切段。猪肉洗净切丝。将料酒、精盐、味精、酱油、葱、姜同放碗中搅匀成芡汁。锅烧热，下肉丝煸炒，加入芡汁炒至肉熟而入味，投入蒲公英炒至入味，出锅即成。

功效：可为人体提供丰富的蛋白质、脂肪、胡萝卜素、维生素 C。具有解毒散结、滋阴润燥的功效。适用于疗毒疮肿、瘰疬、目赤、便血、便秘、咳嗽、消渴、胃炎、感冒等病症。

3. 蒲公英粥

主料：蒲公英幼苗 150 克，粳米 100 克。

调料：精盐、葱花、植物油各适量。

制法：将蒲公英去杂洗净，入沸水锅焯一下，捞出洗净切碎。粳米淘洗干净。油锅烧热，下葱花煸香，加入蒲公英、精盐炒至入味，出锅待用。锅内加适量水，放入粳米煮成粥，倒入蒲公英煮一段时间即成。

功效：蒲公英与粳米煮成粥，民间多用于感染发炎病者、乳痈肿痛等病症。健康人食用防病抗病能力增强，润泽皮肤，乌发，壮筋骨。

4. 蒲公英绿豆汤

主料：蒲公英 100 克，绿豆 50 克。

调料：白糖适量。

制法：将蒲公英去杂洗净，放铝锅内，加入适量水煎煮，煎好后滤出汁液，弃去渣。汁液再放铝锅内，加入去杂洗净的绿豆煮成熟烂，加入白糖搅匀即成。

功效：此汤由蒲公英与清热解毒、消暑、利水的绿豆相配而成，功效大增，具有清热解毒、利尿消肿的功效。适用于多种炎症、尿路感染、小便不利、大便秘结等病症。

5. 蜇皮拌蒲公英

主料：蒲公英嫩芽 400 克，水发海蜇皮 200 克。

调料：精盐 5 克，味精 2 克，酱油、白糖各 10 克，醋 20 克，香油 5 克，辣椒油 5 克。

制法：将蒲公英嫩芽洗净，入开水锅中焯熟，捞入凉开水中浸泡 2 小时，取出沥干水分，放入盘内。将海蜇皮洗净，切成细丝，入开水中稍烫即捞入凉开水中投凉，控净水，码于蒲公英上备用。将精盐、酱油、白糖、醋、香油、辣椒油混匀，浇于蜇皮上，食用时拌匀即可。

功效：清热解毒，利尿散结。

6. 上汤牛肉蒲公英

主料：嫩蒲公英苗 400 克，瘦牛肉 300 克，上汤 500 克。

调料：芝麻少许，盐、酱油（或番茄酱、果酱、咸酱等）各适量。

制法：采 3 月底至 4 月初的蒲公英苗，洗净入开水中稍烫，立即捞出，控水后铺在汤碗底。牛肉切成极薄的片，铺盖在汤碗中的蒲公英菜上。上汤煮沸滚时，冲在牛肉片上。汤要漫过肉和菜，盖子盖好焖3～5分钟即成。另用小碟盛调味的酱油或者酱料，撒上芝麻，食时蘸吃。所用调味汁不同，风味也不同。

特点：利用上汤不用油而保持原味。

（十一）马齿苋

马齿苋为齿苋科植物马齿苋的幼嫩茎叶，一年生草本，全株无毛。茎平卧或斜倚，伏地铺散，多分枝，圆柱形，长10～15厘米淡绿色或带暗红色。其叶青、梗赤、花黄、根白、子黑、故又称"五行草"。民间又称它为"长寿菜""长命菜"。

【营养成分及作用】马齿苋每百克鲜茎叶含水分92克，蛋白质2.3克，脂肪0.5克，碳水化合物3

克，钙 85 毫克，磷 56 毫克，铁 1.5 毫克，胡萝卜素 2.23 毫克，维生素 C 23 毫克。还含有大量去甲基肾上腺素和多量钾盐，含有不少二羟乙胺、苹果酸、葡萄糖、维生素 B_1、维生素 B_2 等营养成分，药理实验证实：它对痢疾杆菌、大肠杆菌、金黄色葡萄球菌等多种细菌都有强力抑制作用，有"天然抗生素"的美称。马齿苋具有解毒、消炎、利尿、消肿的功效。对糖尿病有一定辅助治疗作用。《生草药性备要》载："治红痢症，清热毒，洗痔疮疳疔。"《滇南本草》载："益气，清暑热，宽中下气，润肠，消积滞，杀虫，疗疮红肿疼痛。"凡脾胃虚寒者少食。

【菜谱】

1. 拌马齿苋

主料：鲜嫩马齿苋 500 克。

调料：酱油、蒜瓣、麻油各适量。

制法：将马齿苋去根、老茎，洗净后下沸水锅焯透捞出。用清水多次洗净黏液，切段放入盘中。将蒜瓣捣成蒜泥，浇在马齿苋上，倒入酱油，淋上麻油，吃时拌即成。

功效：马齿苋性味酸寒。马齿苋不仅含蛋白质、脂肪、多种维生素和氨基酸，还含有丰富铜元素。体内铜离子是酪氨酸酶的重要组成部分，缺铜导致黑色素生成减少。经常食用马齿苋能增加表皮中黑色素细胞的密度及黑色素细胞内酪氨酸酶的活性。民谣道：

"马齿苋，沸水炸，人们吃了笑哈哈，为什么？丑陋的白发消失啦！"亦可作为白癜风患者和因缺铜元素而造成的白发患者的辅助食疗菜肴。

2. 马齿苋粥

主料：鲜马齿苋 100 克，粳米 50 克。

调料：精盐、葱花、植物油各适量。

制法：将马齿苋去杂洗净，入沸水锅内焯一下，捞出洗去黏液，切碎。油锅烧热，放入葱花煸香，放入马齿苋，精盐炒至入味，出锅待用。将粳米淘洗干净，放入锅内，加入适量水煮熟，放入马齿苋煮至成粥，出锅即成。

功效：马齿苋具有清热解毒、治痢疗疮的功效。粳米具有养脾胃的功效。两者相配，具有健脾胃、清热解毒的功效。此粥适用于肠炎、痢疾、泌尿系统感染、疮痈肿毒等病症。马齿苋性寒、不宜久食。

3. 马齿苋包子

主料：面粉 500 克，干马齿苋 200 克，油豆腐 100 克。

调料：精盐、味精、植物油、食用碱各适量。

制法：将马齿苋用水泡发，去杂洗净切碎，将油豆腐切碎。二者同放入盘中，加精盐、味精、油拌匀成馅。将面粉放入泡好酵头的盆内和成面团，放温暖处发酵。将发酵的面团兑上碱水中和酸味，揉匀搓成长条，揪成小面剂，擀成包子面皮，包馅成生包子，上笼蒸熟即成。

功效：豆腐益气和中，生津润燥，清热解毒，与马齿苋相配，有很好的滋补抗菌作用。

4. 马齿苋炒肉丝

主料：鲜马齿苋 400 克，猪瘦肉 100 克，蛋清 20 克。

调料：葱花 10 克，生姜末 10 克，精盐 2 克，黄酒 5 克，鲜汤 20 克，湿淀粉 20 克，麻油 5 克，精制植物油 40 克。

制法：将马齿苋去杂洗净切成段，放入沸水锅中略焯，捞出沥干。猪瘦肉洗净切成丝，加入精盐 1 克、黄酒 2 克、湿淀粉 15 克和蛋清，抓匀。炒锅上火，放油烧至五成热，放入肉丝划散，煸葱花、生姜末至香，烹入黄酒和鲜汤，放入马齿苋、精盐炒匀，加入味精、湿淀粉翻炒，淋上麻油，装盘即成。

功效：清热解毒，止痛止血。

5. 马齿苋炒黄豆芽

主料：马齿苋 100 克，黄豆芽 250 克。

调料：精盐、味精、酱油、湿淀粉、植物油各适量。

制法：将马齿苋、黄豆芽分别去杂洗净。炒锅上火，放油烧至七成热，放入黄豆芽翻炒，至七成熟时，放入用沸水焯过的马齿苋，再加入适量清水焖熟，加精盐、味精、酱油调味，再用湿淀粉勾芡即成。

功效：清热解毒，利水去湿，活血消肿，养颜嫩肤。

6. 牛肉干炒马齿苋

主料：马齿苋 400 克，牛肉干 30 克。

调料：植物油 200 克，鲜汤适量，精盐 2 克。

制法：马齿苋洗净，沥净水，切成段。锅置火上，放油烧至六成热时，投入牛肉干炸至金黄酥松，捞起沥油。原锅留少许底油，置火上，烧至五成热时，投入马齿苋翻炒，并加入精盐、鲜汤，待水将干时盛起装盘，再将炸松的牛肉干放在马齿苋上即可。

功效：益气补虚，清热解毒。

7. 马齿苋鱼尾汤

主料：嫩马齿苋 250 克，鲩鱼尾 300 克。

调料：姜片 5 片，蒜泥 5 克，精盐 6 克，味精 3 克，植物油 50 克。

制法：马齿苋洗净，沥净水，切成段。鲩鱼尾去鳞洗净，抹干，用少许精盐腌 15 分钟。锅置火上，放油烧至五成热时，投入姜片爆香，下入鱼尾，煎至两面黄时盛起。原锅留少许底油置火上，烧到六成热时，下入蒜泥爆香，加水适量，用旺火煮沸后，下入鱼尾滚几分钟，再倒入马齿苋，煮沸后用小火煮 10 分钟，加精盐、味精调味即可。

功效：清热，利水，祛湿。

(十二) 绿地神

绿地神又称马兰头、马郎头、路边菊、红梗菜、鱼鳅菜、鸡儿肠、毛蜡菜、紫菊、散血草、马菜等。为菊科植物绿地神的嫩茎叶，多年生草本植物。嫩茎叶清香，多凉拌或做汤。以江苏、安徽采食最多。

【营养成分及作用】绿地神每百克嫩茎叶含水分86.4克，钙145克，磷69毫克，铁6.2毫克，胡萝卜素31.5毫克，维生素B 0.36毫克，烟酸2.5毫克，维生素C 36毫克等。绿地神性味辛凉，具有清热解毒、凉血止血、利尿消肿等功效。

【菜谱】

1. 拌绿地神

主料：鲜嫩绿地神500克，豆干50克。

调料：精盐、白糖、味精、麻油各适量。

制法：将鲜嫩绿地神择洗干净，放入沸水中烫透，摊开晾凉，挤干水分，切末。豆干切成细粒和绿地神末混合后放盘中。将精盐、味精、白糖、麻油放在绿地神和豆干上，拌匀即成。

功效：具有清热解毒、利胆退黄、凉血降压等功效。常食可治疗咽喉炎、扁桃体炎、乳腺炎等各种化脓性炎症以及血热吐血、衄血、眼底出血、高血压等病症。

2. 绿地神拌豆干

主料：绿地神 250 克，豆腐干 100 克。

调料：精盐、味精、麻油各适量。

制法：将绿地神去杂洗净，入沸水锅焯透，捞出洗净，切碎装盘，撒上精盐拌匀。将豆腐干入沸水锅焯一下，捞出切丁，放在绿地神上，淋入麻油，点入味精吃时拌匀即成。

功效：此菜是绿地神与益气和中、生津润燥、清热解毒的豆腐干相配而成，具有清热解毒、生津润燥的功效。适用于阴虚咳嗽、慢性气管炎、咽喉肿痛、鼻衄、吐血、消温、烦热等病症。

3. 绿地神炒鸭蛋

主料：绿地神 350 克，鸭蛋 2 个。

调料：精盐、味精、葱花、植物油各适量。

制法：将绿地神去杂洗净，入沸水锅焯一下，捞出挤水切碎。鸭蛋磕入碗内搅匀。油锅烧热，下葱花煸香，倒入鸭蛋煸炒，加入精盐炒成小块，投入绿地神炒至入味，点入味精，出锅即成。

功效：鸭蛋具有滋阴、清肺的功效。二者相配可为人体提供丰富的蛋白质、脂肪、胡萝卜素、维生素C等营养成分，具有滋阴清肺、清热凉血的功效。适用于慢性气管炎、肺结核、阴虚咳嗽、咽喉肿痛、水肿、小便不利、鼻衄、牙龈出血、吐血等病症。

4. 乌骨鸡绿地神粥

主料：乌骨鸡1只，粳米100克，绿地神30克。

调料：葱姜末15克，料酒2匙，精盐、味精、酱油各适量。

制法：乌骨鸡宰杀，去毛及内脏，用清水洗净，放入碗内，加入葱姜末、料酒、精盐和酱油，上笼蒸至烂熟，去骨留肉待用。将粳米淘洗干净，与绿地神一同放入锅内，倒入适量水，置于武火上煎煮，沸后10分钟，改用文火继续煮至米开花时，加入乌骨鸡肉，拌匀，再煮片刻，点入适量味精，即可食用。

功效：具有补五脏、益气力、实筋骨、消结热的功效。适于治疗消化不良、食欲不振等病症。

5. 绿地神炒猪肝

主料：绿地神250克，猪肝100克。

调料：料酒5克，精盐4克，味精1克，葱末5克，姜片3片，酱油10克，植物油20克，水淀粉

15 克。

制法：绿地神去杂洗净，切成段。猪肝洗净，切成片，加料酒、酱油、水淀粉，抓匀，略腌。锅置火上，放油烧至五成热时，下入葱末、姜片煸香，倒入猪肝快速煸炒，稍加水、加入绿地神、精盐、味精，翻炒入味即可。

功效：滋肝明目，补气养血。

6. 绿地神春笋

主料：绿地神 100 克，春笋嫩段 10 个，鱼肉茸 50 克，鲜虾仁 50 克，熟火腿末 25 克。

调料：葱末、姜末各 5 克，料酒 10 克，鲜汤适量，精盐、粗盐、米醋 5 克，淀粉 15 克，植物油 30 克，香油 3 克。

制法：绿地神洗净，放入沸水中焯过，用凉水冲凉，搓揉出白沫，再用清水冲洗干净，挤去水分，剁成细末，用粗盐腌 2～10 分钟。将虾仁剁成茸，与鱼肉茸混合入碗，加精盐、姜末、料酒、淀粉，搅匀后挤成莲子大小的丸子。锅置火上，放油烧至五成热时，下入虾仁丸子，炸至嫩黄时，盛出待用。嫩笋切成约 3 厘米长的段，放凉水中浸过，使之渗出涩味，再将绿地神末放在笋心中，嵌入虾仁丸，撒上火腿末，上笼用旺火蒸 2 分钟左右取出。锅置中火上，放油烧至五成热时，投入葱末、姜末煸香，加鲜汤、料酒、米醋、酱油，用水淀粉勾芡，倒在刚出笼的笋盘上，淋上香油即可。

功效：清热解毒，滋补肝肾。

7. 红乳凉拌绿地神

主料：绿地神 200 克，猪里脊肉 150 克，青椒丝、红椒丝各 10 克，红豆腐乳 2 块。

调料：胡椒粉 2 克，精盐 2 克，香油 2 克，酱油 10 克，淀粉 10 克，植物油 25 克。

制法：绿地神洗净，放入沸水中焯一下，捞起，搓揉数遍，用净水洗去泡沫，挤干水分，撒上少许精盐，用手揉捏，抖散，放入盘中。猪肉切成细丝，撒上胡椒粉，加酱油、淀粉拌匀。锅置火上，放油烧至五成热，下肉丝滑至断生，捞起，放入绿地神盘中。锅复置火上，放适量清水，煮沸后加少量油，投入青椒丝、红椒丝，立即捞起，也放入盘中。红豆腐乳放净锅内，碾成稀泥状，加冷开水调成乳酱，淋在绿地神盘中，再淋入香油，拌匀即可。

功效：滋阴清热。

（十三）香荠菜

香荠菜又名地菜、荠、香荠菜花、护生草、菱角菜等，为十字花科一年或二年生草本植物。香荠菜广布于我国各地，适应性很强，对土质的要求不严，在田边、路旁、沟边、荒地、房前屋后均可生长。在肥沃的园地、田埂等处长势更好。

【营养成分及作用】香荠菜每百克含水分 90.6 克，蛋白质 2.9 克，脂肪 0.4 克，膳食纤维 1.7 克，碳水化合物 3 克，钙 294 毫克，磷 81 毫克，铁 5.4 毫克，胡萝卜素 2.29 毫克，维生素 B_1 0.04 毫克，维生素 B_2 0.15 毫克，烟酸 0.6 毫克，维生素 C 43 毫克，还含有黄酮甙、胆碱、乙酰胆碱等。香荠菜含丰富的维生素 C 和胡萝卜素，有助于增强机体免疫功能。还能降低血压、健胃消食，治疗胃痉挛、胃溃疡、痢疾、肠炎等病。香荠菜性味甘平，具有和脾、利水、止血、明目的功效。用于治疗痢疾、水肿、淋病、乳糜尿、吐血、便血、血崩、月经过多、目赤肿痛等。《名医别录》载"主利肝气，和中。"《日用本草》载"凉肝明目。"《本草纲目》载"明目，益胃。"

【菜谱】

1. 海米香干拌香荠菜

主料：香荠菜 500 克，香干 50 克，海米 20 克。

调料：精盐 1 克，酱油 1 匙，麻油 25 克，生姜末、蒜茸各 5 克，醋 1 克。

制法：将香荠菜洗净焯熟、切碎，香干切米粒大小与香荠菜一同装盘中用手堆成塔形，塔顶放泡好的海米，上堆生姜末、蒜茸。取小碗 1 只，放入酱油、醋、麻油，随香荠菜上桌，浇在菜顶上，将香荠菜推倒拌匀。

功效：健脾益气，凉血平肝，降压降脂。

2. 香荠菜鱼卷

主料：黄花鱼肉 200 克，猪肥肉 50 克，香荠菜 150 克，油皮 150 克，蛋清 30 克，荸荠 4 个。

调料：葱花、生姜末各 15 克，精盐 4 克，味精 2 克，黄酒 10 克，湿淀粉 15 克，面粉 50 克，发酵粉 5 克，花椒盐 15 克，麻油 10 克，精制植物油 500 克（实耗约 50 克）。

制法：将鱼肉、猪肥肉分别切成 3 厘米长、0.3 厘米粗的丝。荸荠削皮切成细丝。香荠菜洗净，用沸水焯一下，再用冷水洗净，控干水，切成末。将以上原料均放入盆内，加入葱花、生姜末、蛋清、精盐、黄酒、味精、麻油、发酵粉搅拌成馅。将油皮裁去硬边，切成两块，放入馅，合卷成 1.5 厘米粗的长卷，另将蛋清和湿淀粉放在碗内搅成糊，抹在卷好的鱼卷油皮的边上，将鱼卷粘住，然后把鱼卷切成 3 厘米长的段。再将面粉、发酵粉和清水 100 克拌在一起，用手抓匀成面糊。炒锅上旺火，放油烧至七成热，将鱼卷蘸上面糊，炸至金黄色即成。食用时沾花椒盐。

功效：健脑填髓，舒筋活血。

3. 凉拌香荠菜

主料：香荠菜 500 克，熟芝麻粉 50 克，豆腐干 25 克，冬笋 25 克，熟胡萝卜 50 克。

调料：精盐、味精、白糖、麻油各适量。

制法：将香荠菜去杂洗净，放入沸水锅中焯至颜色碧绿，捞出放入凉水中投凉，沥干水分，切成细末，放入盘中。将豆腐干、冬笋、熟胡萝卜切成细末，放入盘中，撒上芝麻粉，加精盐、味精、白糖，淋上麻油，拌匀即成。

功效：清热凉血，健美抗衰。

4. 油炒香荠菜

主料：香荠菜 250 克。

调料：精制植物油、黄酒、精盐、味精各适量。

制法：将香荠菜整理去杂质，清水洗净。炒锅上旺火，放油烧热，投入香荠菜，急火翻炒至软，注入少量水，盖好锅，煮 3～5 分钟，加入精盐、黄酒、味精翻炒几下，盛起即成。

功效：明目益胃，健脾祛风，清热解毒。

5. 香荠菜肉丝

主料：香荠菜 300 克，猪腿肉 150 克，淀粉 15 克，蛋清 30 克。

调料：精制植物油 80 克，精盐、味精、香葱段、麻油各适量。

制法：将香荠菜洗净，切成小段。猪肉洗净，切成细丝，放入少许精盐、味精、蛋清、淀粉拌匀。炒锅上火，放油烧至五成热，放入肉丝煸炒至八成熟，装盆。炒锅上火，放油烧至七成热，放入香荠菜段翻炒后，加入猪肉丝、精盐、味精炒熟装盆，淋上麻油，撒上香葱段即成。

功效：益气清热。

6. 香荠菜鸡片

主料：熟香荠菜末 50 克，生净乌骨鸡肉 200 克，熟冬笋片 50 克，蛋清 30 克。

调料：精盐 2 克，味精 2 克，醋 2 克，葱段 5 克，黄酒 15 克，湿淀粉 25 克，麻油 20 克，精制植物油 500 克（实耗约 60 克）。

制法：将鸡肉洗净，挤干水分，切成 4 厘米长、2 厘米宽的薄片，加精盐（1 克）、黄酒（5 克）和蛋清拌上劲，调入湿淀粉（15 克）搅匀，再加麻油（5 克）拌和。冬笋切成片。炒锅上火，放油烧至四成热，下鸡片入锅滑熟捞起。锅内留油少许，下葱段略煸，放入冬笋片、香荠菜末，煸炒后即倒入鸡片，加入黄酒，加水，放味精、醋和精盐调味，湿淀粉勾芡，淋上麻油，出锅装盘即成。

功效：滋阴补气，减肥美容。

7. 香荠菜猪肝汤

主料：香荠菜 500 克，猪肝 200 克。

调料：精盐、味精、酱油、胡椒粉、湿淀粉、熟鸡油、肉汤各适量。

制法：将香荠菜去根及老、黄叶片，清水洗净。猪肝洗净后，切成约 4 厘米长、3 厘米宽的片，直接放入碗内，加入精盐、湿淀粉拌浆。炒锅上旺火，倒入肉汤，加精盐、酱油烧沸，再加浆好的猪肝片，撇去浮沫，用胡椒粉、味精调味，放入香荠菜，煮熟，起锅盛入大汤碗内，淋上鸡油即成。

功效：和脾利水，止血补血。

8. 香荠菜春饼

主料：香荠菜 400 克，春卷皮约 30 张，瘦肉丝 100 克，酱香干 50 克，榨菜 30 克。

调料：酱油 5 克，植物油 30 克，豆瓣酱 30 克（或其他咸味、海味酱均可，酱味不同，则风味迥异，咸味酱为中国风味，甜味酱为西洋风味），清汤少许。

制法：香荠菜用水略焯一下，切碎。榨菜、香干切丝。将肉丝入热油锅中，滑熟捞起。再入香干丝，喷酱油、清汤煸炒，最后将香荠菜、榨菜丝放入略炒，再入肉丝同炒，装盘备用。春卷皮趁热掀起一张置手上，先在皮上抹上薄薄的酱，而后卷入炒好的馅料，热做热吃，包好后切成两段，蘸酱（也可整卷蘸酱）。可以包好上桌，也可以由客人自包自吃，以增加气氛和情趣。薄饼如果已经硬冷，可隔沸水稍蒸，加热后食用。

特点：清香咸软脆，荤素相配，各色各味均在酱香之中。

9. 香荠菜水饺

主料：面粉800克，香荠菜1.5千克，虾皮50克。

调料：精盐5克，味精4克，酱油5克，葱末10克，香油10克，花生油50克。

制法：将香荠菜去杂，洗净切碎，放入盆中，加入虾皮、精盐、味精、酱油、葱末、花生油、香油拌匀成馅。将面粉用水和成软硬适度的面团，切成小面剂，擀成饺子皮，包馅成饼，下沸水锅煮熟，捞出装碗。（注：还可用猪、牛、羊肉和绿蛋等与香荠菜配制成馅）

特点：皮软馅嫩，风味独特。

（十四）菊花脑

菊花脑为菊科菊属草本野菊花的近缘植物，又名菊花郎、菊花头、甘菊等等。

【营养成分及作用】菊花脑含菊甙、氨基酸、胆碱、挥发油、黄酮甙、维生素 B_1 等。菊花脑具有疏风散热、平肝明目、清热解毒的功效。《随息居饮食谱》载"清利头目、养血熄风、消疔肿。"《本草便谈》载"平肝疏肺、清上焦之邪热，治目祛风，益阴滋肾。"

【菜谱】

1. 菊花脑鸡蛋汤

主料：菊花脑嫩茎叶 150 克，鸡蛋 2 个。

调料：精盐、味精、葱花、植物油、麻油各适量。

制法：将菊花脑去杂洗净，入沸水锅焯一下捞出挤水、切段。鸡蛋磕入碗内搅匀。油锅烧热，下葱花煸香，加入适量水和精盐，烧沸倒入鸡蛋，煮成蛋花，加入菊花脑、烧沸，点入味精，淋入麻油即成。

功效：清热解毒，滋阴，平肝。适用于头痛、眩晕、消渴、烦热、目赤、阴虚咳嗽等病症。

2. 菊花脑炒肉片

主料：菊花脑嫩茎叶 100 克，瘦猪肉 250 克，水发木耳 25 克。

调料：植物油、精盐、酱油、味精、淀粉、葱花、姜末、蒜茸各适量。

制法：将菊花脑去杂洗净，入沸水锅焯一下，捞出洗净挤水、切段。猪肉洗净切薄片，放入碗内加精盐、酱油、味精、淀粉拌成芡汁。锅内放油烧至四成热，下肉片滑透，倒入漏勺沥油。锅内留少量余油，入葱、姜、蒜煸香，加入肉片、菊花脑、木耳颠翻几下，加入芡汁翻炒几下，出锅即成。

功效：滋阴，润燥，平肝，疏风。适用于阴虚咳嗽、消渴、烦热、目赤、痈肿、头痛等病症。

3. 菊花脑拌肚丝

主料：菊花脑嫩茎叶 50 克，熟猪肚 250 克。

调料：精盐、味精、酱油、蒜泥、醋、麻油各适量。

制法：将菊花脑去杂洗净，入沸水锅焯一下，捞出挤水、切粗丝放盘内。熟猪肚丝入沸水锅焯一下，捞出沥水，放盘内。加入精盐、味精、酱油、蒜泥、醋、麻油，吃时拌匀。

功效：疏风平肝、健脾益胃。适用于头痛、眩晕、体虚瘦弱、泄泻、下痢、四肢无力、消渴、烦热、小便频数、营养不良等病症。

4. 甘菊粥

主料：甘菊嫩茎叶 50 克，粳米 100 克。

调料：冰糖适量。

制法：将甘菊去杂洗净切碎。粳米淘洗干净。锅内放水适量，加入粳米煮至将成粥，放入甘菊搅拌匀，同煮成粥，再加冰糖，溶化搅匀即成。

功效：清肝清目，降血压。适于肝热目赤、高血压、高血脂、两目昏花、痈肿等病症。

（十五）人仙菜 ◆

人仙菜别名十枝苋、绿苋菜、细苋、白苋等，苋科苋属一年生草本植物，全国各地均有。野苋菜以嫩苗或嫩茎叶供食。可炒食，可做汤，可作火锅料。

【营养成分及作用】 人仙菜每百克嫩茎叶含蛋白质 5.5 克、碳水化合物 8 克、胡萝卜素 7.15 毫克、维生素 C 153 毫克、维生素 B_2 0.32 毫克、还含有钙、磷、铁等，其中钙含量是菠菜的 3 倍。人仙菜味甘，性凉，有清热解毒、利尿止痛、收敛止血、抗菌

消炎等功效，可治肠炎、尿道炎、咽喉肿痛、宫颈炎等。

【菜谱】

1. 炒人仙菜

主料：人仙菜 300 克。

调料：精盐、味精、葱花、植物油各适量。

制法：将人仙菜去杂洗净切段。锅烧热加入油，油热下葱花煸香，放入人仙菜煸炒，加入精盐，炒至入味，点入味精，摊匀出锅即成。

功效：清热解毒，利尿，止痛，明目，润肤美容。适用于痢疾、目赤、雀盲、乳痈、痔疮等病症。

2. 人仙菜蛋汤

主料：人仙菜 150 克，鸡蛋 2 个。

调料：精盐、味精、葱花、植物油各适量。

制法：将人仙菜去杂洗净，切成段。鸡蛋磕入碗内搅匀。锅内油烧热，放入葱花煸香，投入人仙菜煸炒，加入精盐炒至入味，出锅待用。锅内放适量水煮沸，将搅匀的鸡蛋徐徐倒入锅内成蛋花，沸后倒入炒好的人仙菜，点入味精，出锅即成。

功效：清热解毒，滋阴润燥。适用于目赤、下痢、热毒肿痛、咽痛等病症。

3. 人仙菜炒猪肝

主料：人仙菜 300 克，猪肝 100 克。

调料：料酒、精盐、葱花、姜末、猪油各适量。

制法：将人仙菜去杂洗净切段，猪肝洗净切片。锅烧热放油，油热下葱、姜煸香，投入猪肝煸炒，烹入料酒，加入精盐，炒至猪肝熟而入味，投入人仙菜炒至入味即成。

功效：清热解毒，补肝明目。适用于眼花、夜盲、目赤、脸色萎黄、贫血等病症。

4. 人仙菜烧猪肠

主料：人仙菜 150 克，猪大肠 200 克。

调料：料酒、精盐、味精、胡椒粉、酱油、葱花、姜末各适量。

制法：将人仙菜去杂洗净切段。猪大肠多次洗去黏液，入沸水锅焯一会儿，捞出再用清水多次冲洗至干净，切段。锅烧热，放入猪大肠煸炒，加入酱油、葱、姜烧至猪大肠熟，放入料酒、精盐烧至入味，投入人仙菜烧至入味，点入味精、胡椒粉出锅即成。

功效：清热去湿，凉血解毒。适用于内痔出血、痔疮发炎等病症。

（十六）三脉叶马兰 ◆

三脉叶马兰为菊科紫菀属的植物。别名菊花、山白菊、山雪花、白升麻、三脉紫菀、儿肠等。广泛分布于中国东北部、北部、东部、南部至西部、西南部。也分布于喜马拉雅南部、朝鲜、日本及亚洲东北部。

【营养成分及作用】解毒、解表、凉血、止血。可以治疗感冒发热、扁桃体炎、支气管炎、肝炎、痢

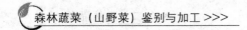

疾、热淋、血热吐衄、痈肿疔毒、蛇虫咬伤等。

【菜谱】

1. 凉拌三脉叶马兰

主料：鲜嫩三脉叶马兰 500 克。

调料：精盐、白糖、味精、麻油各适量。

制法：将鲜嫩三脉叶马兰择洗干净，放入沸水中烫透，摊开晾凉，挤干水分、切碎。把精盐、味精、白糖、麻油放在三脉叶马兰上，拌匀即成。

功效：可以治疗感冒发热、扁桃体炎、支气管炎、肝炎等病症。

2. 炒三脉叶马兰

主料：鲜嫩三脉叶马兰 500 克。

调料：精盐、味精、菜籽油各适量。

制法：将鲜嫩三脉叶马兰择洗干净，放入沸水中烫透，摊开晾凉，挤干水分，切段。在锅中加油炒熟，放入精盐、味精，拌匀即成。

功效：解毒，解表，凉血，止血。

（十七）诸葛菜

诸葛菜别名二月兰，是十字花科 1～2 年生草本植物。株高一般 10～50 厘米，全株无毛。茎圆柱形，直立，不分枝或基部分枝。叶形变化较大，基生叶及下部茎生叶大头羽状分裂，顶端裂片大，圆形或卵形，边缘有波状锯齿。诸葛菜广泛分布于华北、西北、东北的南部及华中和华南等地，常野生于平原、山地、路旁或林地。

【营养成分及作用】诸葛菜为早春常见森林蔬菜，其嫩茎叶生长量较大，营养丰富。据测定，每百克鲜品中含蛋白质 1.8 克，脂肪 0.5 克，灰分 2.6 克，胡萝卜素 3.32 毫克，维生素 B_2 0.16 毫克，维生素 C 59 毫克。种子含油量高达 50% 以上，又是很好的油料植物。特别是其亚油酸比例较高，对人体极为有利。因亚油酸有降低人体内血清胆固醇和甘油三酯的功能，并可软化血管和阻止血栓形成，是治疗心血管病的良好药物。

【菜谱】

1. 鲜鱿鱼诸葛菜

主料：诸葛菜 300 克，鲜鱿鱼 150 克。

调料：姜丝 10 克，精盐 5 克，味精 2 克，料酒 5 克，香油 15 克。

制法：将诸葛菜洗净，切成段，入开水锅中焯至刚熟，捞出沥水，放碗内备用。将鲜鱿鱼洗净，切成细丝，入开水锅中焯熟，也放碗内。将姜丝、精盐、味精、料酒、香油放入碗内，拌匀，装入盘中即可。（注：也可加入木耳、银耳、辣椒丝或肉丝、鸡丝、火腿等料，拌成不同风味的菜肴。调味品可选用辣椒油、芥末油等。）

特点：色泽鲜艳，质地嫩脆，咸鲜味香。

2. 炒诸葛菜

主料：诸葛菜 500 克，熟芝麻 20 克。

调料：葱丝 15 克，精盐 5 克，味精 2 克，花生油 25 克。

制法：诸葛菜择洗干净，入开水锅中焯透，取出沥干水。炒锅置旺火上，加油至七成热，煸葱丝，下诸葛菜、精盐炒至入味，放味精，出锅装盘，撒上熟芝麻即可。

特点：色油绿，质细嫩，味咸鲜微苦。

3. 诸葛烩鱿鱼

主料：诸葛菜 400 克，水发鱿鱼 200 克。

调料：姜丝 10 克，精盐 6 克，味精 3 克，料酒 5 克，花椒油 15 克。

制法：将诸葛菜洗净切成段。鱿鱼择洗干净，切成细丝，同入开水锅中焯透，沥水置碗中，趁热加入姜丝、精盐、味精、料酒、花椒油拌匀，加盖稍焖，装盘即可。

特点：色泽美艳，质地脆爽，咸鲜味苦。

4. 诸葛菜酸辣汤

主料：诸葛菜 200 克，猪血 100 克，水发黑木耳 25 克，南荠 25 克。

调料：精盐 5 克，味精 2 克，料酒 5 克，酱油 5 克，醋 15 克，胡椒粉 8 克，葱油 10 克。

制法：诸葛菜洗净切成段，入开水锅焯透，放凉水中浸泡，取出沥水。猪血洗净，切成薄片，木耳切成小块，同入开水锅中焯透，取出沥水。南荠去皮洗净，切薄片。汤锅置旺火上，加水 500 克烧开，放入猪血、酱油、料酒、精盐稍煮，再加诸葛菜、木耳、南荠、味精、醋、胡椒粉，开后淋葱油，装入汤碗即可。

特点：色泽酱红，质细嫩，味酸辣咸鲜。

（十八）薇菜 ◆

薇菜又称大巢菜、野豌豆、巢菜、垂水、苕子、

野菜豆、黄藤子、肥田草等，属豆科一年生或二年生
草本植物。春秋战国时期，《诗经》上便有"采薇"
的记载，目前我国大部分地区均有分布。薇菜生于山
坡、路边及草地，每年4—5月采收。

【营养成分及作用】薇菜可食部分为100%，每
百克薇菜含热量13.4千卡*，水分80克，蛋白质
3.8克，脂肪0.5克，膳食纤维5.9克，碳水化合物
9.0克，灰分2.1克，胡萝卜素1.97毫克，硫胺素
0.02毫克，核黄素0.25毫克，抗坏血酸67毫克，
钾31.2毫克，钙270毫克，铁1.2毫克，锰0.8毫
克，锌0.6毫克，磷70毫克。薇菜性微寒，味苦；
入肝、脾、肺经，具有清热解毒、润肺理气、补虚舒
络、止血杀虫之功效。主治衄血、吐血、赤痢、子宫

---

* 注：千卡为非法定计量单位，1千卡≈4.186千焦耳.——编者注

功能性出血、风热感冒等病症。薇菜煎剂对流感病毒有明显抑制作用，也可抑制腺病毒Ⅲ型、脊髓灰质炎病毒Ⅱ型、流行性乙型脑炎病毒及单纯疱疹病毒等。薇菜可辅助治疗吐血、便血、崩漏等出血性疾病。薇菜性寒，脾胃虚寒者不可多食。

【菜谱】

1. 薇菜鱼片

主料：薇菜嫩苗 200 克，黑鱼片 150 克。

调料：料酒 10 克，味精 2 克，精盐 5 克，胡椒粉 1 克，葱末、姜末各 5 克，鸡蛋 2 只，水淀粉 10 克，植物油 130 克。

制法：将薇菜洗净，切成段，入沸水中焯一下，捞出挤干水分。鱼片加料酒、味精、精盐、鸡蛋清，抓匀。锅置火上，放油烧至四成热时，下鱼片划散至熟，捞起沥油。原锅留少许底油置火上，烧至五成热时，下葱末、姜末煸香，再投入薇菜段、鱼片，烹入料酒、精盐、胡椒粉、味精，炒至入味，用水淀粉勾芡，出锅即可。

功效：健脾利水，滋阴益气，补血通乳。

2. 薇菜鸡丝

主料：薇菜 400 克，熟鸡肉丝 150 克。

调料：葱末、姜末各 10 克，鸡蛋 2 只，精盐 4 克，味精 2 克，料酒 10 克，鲜汤 100 克，花椒水 10 克，水淀粉 15 克，植物油 500 克（实耗 50 克）。

制法：薇菜洗净，入沸水中焯一下，捞出切成段。鸡肉丝加精盐、味精、料酒、花椒水、鸡蛋清、水淀粉，抓匀。锅置旺火上，放油烧至五成热时，下入鸡丝划散，倒出沥油。原锅留少许底油置旺火上，烧至五成热时，下入葱末、姜末煸香，倒入薇菜段稍炒，加精盐、味精、鲜汤、料酒、鸡丝炒匀，装盘即可。

功效：补益脾胃，润肺补肾。

3. 三鲜薇菜

主料：薇菜450克，鲜蘑菇、熟鸡肉、水发海米、冬笋丝、火腿末、油菜各30克。

调料：料酒、葱末、酱油各10克，姜末、白糖、精盐、花椒油各5克，味精1克，鲜汤30克，水淀粉15克，植物油30克。

制法：薇菜洗净。鸡肉切成丝。蘑菇、油菜洗净后均切成丝。锅置火上，放油烧至七成热，下入葱末、姜末煸香，加料酒、酱油、鲜汤、白糖、精盐，放入火腿末、冬笋丝，倒入薇菜、蘑菇丝、鸡肉丝，用小火焖透，再放油菜丝、味精翻炒，用水淀粉勾芡，淋入花椒油，出锅即可。

功效：清热解毒，滋阴润肺。

4. 薇菜炖猪蹄

主料：薇菜300克，猪蹄1只。

调料：料酒10克，精盐2克，酱油5克，葱段、姜片各5克。

制法：薇菜洗净，切成段。猪蹄洗净去毛，入沸水锅中焯一下，捞出洗净。净锅置火上，放适量清水，下猪蹄，用旺火烧沸后，加精盐、料酒、葱段、姜片、酱油，转用小火炖至猪蹄熟烂，投入薇菜，烧至入味即可。

功效：补益气血，清神醒志。

5. 海米薇菜汤

主料：薇菜 200 克，水发海米 25 克，火腿片 15 克，水发木耳 25 克。

调料：葱段、姜片各 10 克，精盐 4 克，味精 2 克，酱油 5 克，料酒 5 克，鲜汤 500 克，香油 10 克。

制法：薇菜洗净，放入沸水锅中焯透，取出浸泡 30 分钟，捞出沥水。木耳洗净，撕成小朵。汤锅置旺火上，加入鲜汤、料酒、酱油、精盐、葱段、姜片、海米，烧沸后下入薇菜、木耳、火腿片，再沸时加味精，淋上香油，装入汤碗即可。

功效：滋阴补肾。

6. 薇菜扣肉

主料：腌薇菜 250 克，带皮五花肉 500 克。

调料：葱末、姜丝各 5 克，料酒 10 克，酱油 10克，精盐 2 克，白糖 5 克，鲜汤适量，植物油 500 克。

制法：腌薇菜用清水漂去部分咸味，沥水后切成 2 厘米长的小段。将五花肉刮洗干净，备用。锅置火上，放入鲜汤，下入五花肉煮至八成熟，捞出，趁热将酱油涂于肉片上着色。净锅置火上，放油烧至六成热时，将五花肉入锅油炸，至肉皮变红时，捞出沥油。将肉块切成 8 毫米厚的大肉片，肉皮朝下排放在一大碗中，肉上放腌薇菜段、料酒、白糖、酱油、精盐、葱末、姜丝，上笼蒸约 30 分钟，出锅后翻扣在大盘内，揭去碗即可。

功效：滋阴健中，和血利湿。

7. 木耳拌薇菜

主料：薇菜 300 克，水发木耳 150 克，豆苗 60 克。

调料：葱末 50 克，精盐 4 克，味精 2 克，料酒 5 克，香油 15 克。

制法：薇菜、豆苗均洗净。木耳洗净，切成细丝，备用。锅置火上，放水适量，煮沸后将薇菜在沸水中焯熟，取出沥干水分，放盘中。再将豆苗入沸水锅烫熟，捞出放薇菜盘中。最后将木耳丝放沸水锅中焯透，捞出沥水，放于豆苗上，然后加葱末、精盐、味精、料酒、香油，拌匀即可。

功效：清肺补虚。

（十九）楤木

楤木别名楤树芽、刺芽菜、刺老包、雀不踏。属五加科落叶灌木或小乔木。它生长于海拔 2 000 米以下的森林、灌丛、林缘或路旁，是良好乔木下层的伴生树种。主要分布于长江流域的安徽、四川、云南、贵州，长江流域及其以南的湖南、湖北、江西、福建等省亦有分布。

【营养成分及作用】楤木嫩芽中氨基酸的含量高。据测定，每百克嫩叶芽中含天门冬氨酸 3.08 毫克、苏氨酸 0.99 毫克、丝氨酸 1.06 毫克、谷氨酸 4.72 毫克、甘氨酸 0.95 毫克、丙氨酸 1.2 毫克、缬氨酸 1.45 毫克、异亮氨酸 1.0 毫克、亮氨酸 1.64 毫克、酪氨酸 0.74 毫克、苯丙氨酸 0.94 毫克、赖氨酸 1.48 毫克、组氨酸 0.3 毫克、精氨酸 1.4 毫克、脯氨酸 0.9 毫克。此外，还含蛋白质、脂肪、碳水化合物、矿物质、纤维素、维生素等，以维生素 A 和维生素 C 的含量丰富。楤木的根皮可入药。味微咸，性寒。利湿化痰，活血止痛。主治风湿疼痛，跌打损伤。现代用于治疗肝炎、糖尿病、肾炎等。楤木芽能治腹泻、痢疾。有关资料表明，楤木含22种微量元素，其中人体必需的钙、锰、铁、钛、镍、铜、钴、锗等的含量都比人参高，特别是锗的含量是人参的3.6倍。许多实验、研究证明，有机锗具有增强免疫力，抗脂质过氧化物，消除自由基，防治老年性疾病。可用于补益保健，健脑强肾，延缓衰老。

【菜谱】

1. 凉拌楤木芽

主料：楤木芽500克。

调料：酱油、味精、麻油各适量。

制法：将楤木芽去杂洗净，入沸水锅焯一下捞出，放入清水中洗净，挤干水切碎放盘内，加入酱油、味精、麻油拌匀即可。

功效：营养成分多，民间用于治疗腹泻、痢疾等病症。

2. 翡翠刺嫩芽

主料：楤木芽150克，鸡脯肉100克，蛋清2个，肥猪肉25克。

调料：料酒、精盐、味精、葱花、姜丝、湿淀粉、麻油、鸡汤各适量。

制法：将楤木芽去杂洗净沥水。鸡肉、猪肉一起砸成泥，加鸡汤、味精、精盐、蛋清搅拌成糊状。锅内放入清水烧沸，把楤木芽蘸上肉泥逐个入锅余熟，捞出沥水。另一锅内放油烧热，用葱姜煸香，加入鸡汤和调料，放入翡翠楤木芽，烧沸用湿淀粉勾芡，淋麻油出锅即成。

功效：滋阴润燥，补中益气。适于体倦乏力、虚劳咳嗽、咽痛、下痢、营养不足等病症。

3. 楤木芽炒肉丝

主料：楤木芽 250 克，猪肉 250 克。

调料：料酒、精盐、味精、酱油、葱花、姜丝、植物油各适量。

制法：将楤木芽去杂洗净。猪肉洗净切丝放碗内，加入料酒、精盐、味精、酱油、葱花、姜丝腌渍。锅内放油烧热，倒入猪肉煸炒至熟而入味，投入楤木芽煸炒入味，加入精盐、味精调味，出锅即成。

功效：补虚。适于身体瘦弱乏力、阴虚干咳、营养不良、便秘等病症。

（二十）襄荷

襄荷别名茗荷、阳藿、野姜、苴莆。属姜科姜属多年生草本植物。它生于山区荫蔽处或山谷阴湿处。分布于我国东南及西南部。亦有栽培，以江苏省栽培较多，贵州、云南、四川等省有零星栽培。襄荷有黄花和白花两个类型。白花类型的根、茎、花序均可入药；黄花类型可食用其嫩花茎（即初形成的嫩花穗）、嫩芽（嫩茎）和地下茎。

【营养成分及作用】襄荷的根茎含精油 0.4%～0.8%，主要成分为 α-蒎烯、β-蒎烯、β-水芹烯等。襄荷每百克嫩茎和花穗中含蛋白质 12.4 克、脂肪 2.2 克，食物纤维 28.1 克、维生素 A 和其他维生素含量约 95.85 毫克。襄荷的根茎可入药，味辛，性湿。温中止痛，散瘀消肿，平喘。治冷气腹痛，年久咳喘，经闭，大叶肺炎，腰痛，颈淋巴结核，无名肿毒等。可解草乌中毒。

【菜谱】

腌渍襄荷

主料：襄荷。

调料：精盐适量。

制法：将襄荷去杂洗净，沥干水分，进行腌渍。

功效：具有活血调经，镇咳祛痰，消肿解毒的功效。

（二十一）紫背菜

紫背菜又名紫背天葵、观音菜、两色三七草、红凤菜、红毛番、血皮菜等，为菊科紫背天葵属中宿根常绿草本植物。紫背菜生长健壮，尚未发现病虫害，是一种标准的绿色食品、无公害蔬菜，在生产上应用前景广阔。紫背菜原产于我国，广东、广西、福建、云南、四川、台湾、浙江等地有栽培，以四川等地栽培较多。

【营养成分及作用】紫背菜矿物质含量特别丰富，每百克干物质含钙 1.44～3 克、铁 209.7 毫克/升、锌 26～75.2 毫克/升、铜 13.4～25.2 毫克/升、锰

47.7～148.7 毫克/升，这些矿物质是儿童生长必不可少的，对老年人的保健也有特殊营养价值。紫背菜叶含有黄酮甙成分，黄酮类化合物对恶性生长细胞有中度抗效，可延长抗坏血酸从而减少血管紫癜，黄酮类化合物还有抗寄生虫和抗病毒作用。另据《全国中草药汇编》记述，紫背菜还有治咯血、血崩、痛经、血气亏、支气管炎、盆腔炎、中暑、阿米马痢疾和外用创伤止血等功效。

【菜谱】

1. 凉拌紫背菜

主料：紫背菜 300 克。

调料：精盐、味精、麻油各适量。

制法：将紫背菜去杂洗净，入沸水锅焯透，捞出洗净，挤干水切段，放盘内，加入精盐、味精、麻油，食时拌匀。

功效：活血止血，解毒消肿。适用于痛经、血崩、咯血、肿痛等病症。

2. 紫背菜炒豆干

主料：紫背菜 250 克，豆腐干 150 克。

调料：精盐、味精、葱花、猪油各适量。

制法：将紫背菜去杂洗净，入沸水锅焯一下，捞出挤干水切段。豆腐干切长片。油锅烧热，下葱花煸香，加入豆腐干、精盐炒入味，投入紫背菜继续炒至入味，点入味精，出锅即成。

功效：养血，止血，润肺，润胃。适于痛经、血崩、咯血、消渴、烦热、腹胀、胃逆、食欲不振等病症。

（二十二）唐松菜

唐松菜又名猫爪菜、展枝唐松草、红莲（藏名），属于毛茛科，是多年生草本植物。主要分布于东北和浙江、山东、河北、内蒙古、陕西等省区。喜生松林边砾质山坡、沙丘和草原上。

【营养成分及作用】每百克鲜菜含蛋白质 1.9 克，脂肪 0.42 克，糖类 3.19 克，并且含有多种维生素和矿物质。唐松菜味微苦，性寒，具有清热、解毒、消炎的功效。治疗肺热咳嗽、咽喉炎等。近年来的一些临床试验结果表明，唐松菜具有抑制癌细胞发展的作用。

【菜谱】

1. 炒唐松菜

主料：唐松菜幼苗 250 克。

调料：精盐、味精、葱、精油适量。

制法：将唐松菜幼苗去杂洗净、切段，油锅烧热，唐松菜入锅翻炒，并加入调料，炒熟放盘内即可。

功效：增强体质，减少疾病。

2. 唐松菜炒肉丝

主料：唐松菜幼苗 250 克，猪肉 150 克。

调料：精盐、味精、葱、植物油、姜各适量。

制法：将唐松菜幼苗去杂洗净、切段，油锅烧热，唐松菜与肉一起入锅翻炒，并加入调料，炒熟放盘内即可。

功效：具有滋阴补虚的功效。适于体虚乏力、胃虚、便秘等病症。

(二十三) 蜂斗菜

蜂斗菜又名蛇头菜、水钟流头、黑南瓜、黑饭瓜、南瓜三七、野南瓜、野金瓜头，属菊科植物，是多年生草本植物。主要分布在浙江、江西、安徽、福建等地。生于向阳坡林下、溪谷旁潮湿草丛中。

【营养成分及作用】蜂斗菜根含蜂斗菜素，花茎含挥发油，又含山柰酚、槲皮素、咖啡酸、绿原酸、延胡索酸和 17 种氨基酸。叶中挥发油的主成分是十三碳烯-1、β-石竹烯，亦含蜂斗菜酸、异蜂斗菜素、蜂斗菜螺内酯等。其味苦辛，性凉，具有消肿止痛、解毒祛瘀的功能。治扁桃体炎、痈肿疔毒、毒蛇咬伤、跌打损伤等症。

【菜谱】

1. 凉拌蜂斗菜

主料：蜂斗菜 300 克。

调料：酱油、蒜茸、生姜丝、精盐、麻油、醋各适量。

制法：蜂斗菜择洗干净，放入沸水锅中焯一下，捞起晾凉，切成段。蜂斗菜放入碗中，放入精盐、醋、蒜茸、生姜丝，拌匀腌 2 分钟，加入酱油同拌，摆放盘中，拌匀即成。

功效：解毒祛瘀，消肿止痛。

2. 蒜茸蜂斗菜

主料：蜂斗菜叶柄 400 克，蒜茸 50 克。

调料：精盐 3 克，味精 2 克，黄酒 5 克，植物油 25 克。

制法：蜂斗菜叶柄洗净，放入沸水锅中焯一下，取出沥水。炒锅上旺火，放油烧至七成热，放 40 克蒜茸煸香，烹入黄酒，下蜂斗菜、精盐炒熟，最后加入 10 克蒜茸、味精炒匀，装盘即成。

功效：清热解毒，消肿止痛。

3. 蜂斗菜炝肉丝

主料：蜂斗菜叶柄 300 克，熟猪肉丝 100 克，水发黑木耳丝 50 克。

调料：生姜丝 10 克，精盐 3 克，味精 2 克，黄酒 5 克，花椒油 15 克。

制法：将蜂斗菜叶柄洗净，与熟猪肉丝、黑木耳丝一同放入沸水锅中焯一下，取出沥水，放入碗内，趁热加入生姜丝、精盐、味精、黄酒、花椒油，拌匀，加盖稍焖，装盘即可。

功效：清热解毒，滋阴润燥。

4. 蜂斗菜炒猪肚

主料：蜂斗菜叶柄 400 克，熟猪肚 150 克。

调料：红辣椒丝 20 克，葱花、生姜丝各 10 克，精盐 4 克，味精 2 克，黄酒 10 克，鲜汤 25 克，辣椒油 5 克，植物油 25 克。

制法：将蜂斗菜洗净。猪肚切细丝。炒锅上旺火，放油烧至七成热，投红辣椒丝、葱花、生姜丝稍煸，下蜂斗菜炒至断生，加入猪肚丝、精盐、黄酒、鲜汤炒入味，放味精，淋辣椒油，装盘即可。

功效：清热健脾。

5. 海米拌蜂斗菜

主料：蜂斗菜 400 克，水发海米 30 克。

调料：生姜汁 10 克，精盐 3 克，味精 2 克，麻油 15 克。

制法：将蜂斗菜择洗干净，放入沸水锅中焯熟，取出沥水，放入碗内，加海米、生姜汁、精盐、味精、麻油拌匀，装盘即可。

功效：补肾壮阳，祛瘀止痛。

（二十四）东风菜

东风菜又名仙白草、山蛤芦、盘龙草、白云草、尖叶苦荬、山白菜、小叶青、土苍术等，属菊科植物，是多年生直立草本植物。我国各地都有，东北、西北最多。朝鲜、日本、俄罗斯及西伯利亚地区东部也有。喜湿，多见于山野湿地、山坡荒地、林缘塘边和灌木丛中。

【营养成分及作用】 东风菜含无羁萜，无羁烷，角鲛油烯，φ-菠菜淄醇。每百克嫩茎和叶柄鲜品含

蛋白质 2.67 克，脂肪 0.38 克，纤维素 2.75 克，维生素 C 28 毫克，维生素 A 4.69 毫克，烟酸 0.8 毫克。全草和根都可入药。东风菜味甘辛，性温，无毒，具有疏风行气、活血止痛、健脾消食的功效，可治疗肠炎腹痛、骨节疼痛、毒蛇咬伤及跌打损伤等症。

【菜谱】

1. 凉拌东风菜

主料：东风菜 500 克。

调料：精盐、味精、酱油、蒜泥、麻油各适量。

制法：将东风菜去杂洗净，入沸水锅焯一下，捞出洗净，挤干水分切段，放入盘内，加入精盐、味精、酱油、蒜泥、麻油，拌匀即可。

功效：增强人体抗病能力，润肤，明目。

2. 东风菜炒肉丝

主料：东风菜 250 克，猪肉 100 克。

调料：料酒、精盐、酱油、葱花、姜末、植物油各适量。

制法：将东风菜择洗干净切段。猪肉洗净切丝。锅加油烧热加入肉丝煸炒，加入酱油、葱花、姜末煸炒，放入料酒、精盐，炒至肉熟而入味，投入东风菜炒至入味，即可出锅。

功效：滋阴润燥、明目。适用于体虚乏力、阴虚干咳、消渴、眼目昏花、夜盲等病症。

（二十五）水芹

水芹又名水蕲、水英、楚葵、水芹菜、野芹菜，属伞形科植物，是多年湿生或水生草本。分布于江苏、浙江、安徽、江西、辽宁、陕西等地。喜生于低湿的耕地、田边、路旁、沟边及洼地、稻田、水泡、沼泽的浅水中。

【营养成分及作用】水芹含挥发油、欧芹酸、酞

酸二乙酯。每百克鲜品含蛋白质 2.5 克，脂肪 0.31 克，糖类 4.87 克，维生素 C 39 毫克、维生素 A 4.28 毫克、维生素 B_2 0.33 毫克及多种矿物质等营养成分。其味甘辛，性凉，无毒，具有清热、利尿、止血养精、利口齿、祛风等功效。主治暴热烦渴、黄疸、水肿、淋病、带下、痄腮、瘰疬、风湿神经痛等症。

【菜谱】

1. 水芹炒豆干

主料：水芹 500 克，豆腐干 150 克。

调料：精盐、味精、葱花、素油各适量。

制法：将水芹菜洗净切段，入沸水锅焯一下，捞出。豆腐干切片。油锅烧热，下葱花煸香，放入豆腐干煸炒，加入精盐煸炒入味，出锅待用。油锅烧热，下葱花煸香，投入水芹煸炒，加精盐炒至入味，倒入豆腐干炒几下，点入味精，炒匀出锅即成。

功效：清肺热，养胃，利水。适用于肺热咳嗽、烦渴、水肿、风湿性神经痛等病症。

2. 水芹炒鸡蛋

主料：水芹 500 克，鸡蛋 3 个。

调料：精盐、味精、葱花、素油各适量。

制法：将水芹去叶片、根，剩下叶柄洗净切段，入沸水锅焯一下，捞出洗净。油锅烧热，下葱花煸香，倒入搅好的鸡蛋煸炒，加入精盐，炒成小块，出锅待用。油锅烧热，下葱花煸香，投入水芹煸炒，加入精盐，炒至入味，倒入炒好的鸡蛋，点入味精，炒匀出锅即成。

功效：滋阴清热，利水。适用于烦渴、水肿、燥咳声哑、目赤、两目昏花、夜盲、咽痛、滞下、瘰疬等病症。

3. 水芹炒肉丝

主料：水芹菜 500 克，猪肉 150 克。

调料：料酒、精盐、味精、酱油、葱花、姜末各适量。

制法：将水芹菜去杂洗净切段，入沸水锅焯一下，捞出洗净。猪肉洗净切成肉丝。锅烧热，放入肉丝煸炒，加入酱油、葱、姜煸炒，再加入精盐、料酒和少量水烧至肉熟而入味，投入水芹炒至入味，点入味精，炒匀出锅即成。

功效：滋阴，利水，除烦。适用于阴虚咳嗽、烦渴、体虚、乏力、水肿、滞下、瘰沥等病症。

4. 水芹拌果仁

主料：水芹菜 350 克，盐水花生米 100 克，熟胡萝卜丁 50 克。

调料：精盐、味精、麻油各适量。

制法：将水芹菜去叶片和根，剩下叶柄洗净，入沸水锅焯透，捞出洗净，晾干切段，加入盐水花生米和热胡萝卜丁，用调料拌匀装盘即成。

功效：清热润肺，和胃健脾，化滞消食，强身润肤。

5. 水芹黑木耳豆腐干

主料：水芹 400 克，水发黑木耳 25 克，豆腐干 100 克。

调料：精盐、味精、葱、生姜、植物油各适量。

制法：水芹去杂洗净、切段，和黑木耳一起入热水锅内焯一下，捞出控干水待用。炒锅烧热放油，投入豆腐干煸香，再投入水芹和黑木耳煸炒，加调料后翻匀，出锅装盘即成。

功效：滋阴清热，利水清肠，益气养血。

6. 辣椒拌水芹菜

主料：水芹菜嫩芽 250 克，鲜红辣椒 2 个。

调料：精盐、白糖、醋、麻油、味精各适量。

制法：水芹洗净，放入沸水锅中焯一下，捞出，沥干水，撒上精盐，腌 30 分钟，挤去水，待用。鲜红辣椒去蒂和籽，冲洗干净，切成末，放小碗中，加入白糖、醋、味精拌匀后，浇在腌好的水芹菜上，拌匀，洒上麻油即成。

功效：祛风活血，利水降压。

（二十六）牛蒡菜

牛蒡菜又名蒡翁菜、恶实、鼠实、鼠粘子、旁翁菜、象耳朵、老母猪耳朵、疙瘩菜、鼠见愁等，属菊科植物，为两年生草本。我国东北至西南各地广布，欧洲和日本也有。多生长在村落、路旁、山坡、草地，亦有栽培。

【营养成分及作用】牛蒡菜果实含牛蒡甙，水解生成牛蒡子素，脂肪油 25%～30%，为棕榈酸、硬脂酸、油酸和亚麻仁油酸的甘油酯。每百克嫩茎叶含蛋白质 4.7 克，脂肪 0.8 克，碳水化合物 3 克，热量 38 千卡，粗纤维 2.4 克，灰分 2.4 克，钙 242 毫克，磷 61 毫克，铁 7.6 毫克，胡萝卜素 390 毫克，维生素 B_1 0.02 毫克，维生素 B_2 0.29 毫克，烟酸 1.1 毫克，维生素 C 25 毫克。牛蒡根味苦，性寒，无毒，具有祛风热、消肿毒的功效。常煮食鲜牛蒡根，有抗胃癌、宫颈癌等作用，若适量煮粥食，对老年血管硬化、中风半身不遂都有防治效果。牛蒡菜的果实味辛微苦，性凉，具有疏散风热、宣肺透疹、消肿解毒的功效。牛蒡茎叶味甘，无毒，治头风痛、烦闷、金疮、乳痈、皮肤风痒等症。

【菜谱】

1. 炝牛蒡

主料：牛蒡根 250 克，黄瓜 100 克，水发黑木耳 100 克。

调料：生姜丝 10 克，精盐 3 克，味精 2 克，黄酒 5 克，花椒油 10 克。

制法：牛蒡根去皮洗净，切成薄片。黄瓜洗净，切成菱形片。黑木耳洗净，与牛蒡片、黄瓜片一同放入沸水锅中焯至断生，捞出沥水，放大碗中。将生姜丝、精盐、味精、黄酒、花椒油趁热拌入牛蒡碗内，加盖稍焖，装盘即成。

功效：利咽解表，解毒降压。

2. 炖牛蒡叶

主料：牛蒡叶 500 克。

调料：精盐、味精、葱花、植物油各适量。

制法：牛蒡叶去杂洗净，入沸水锅焯一下，捞出挤出水，切段。炒锅上火，放油烧热，下葱花煸香，加入牛蒡叶、精盐炒至入味，放入味精炒匀出锅即成。

功效：疏散风热，利咽解毒。

3. 牛蒡根炖鸡

主料：牛蒡根 500 克，鸡 1 只。

调料：料酒、精盐、味精、胡椒粉、葱段、姜末各适量。

制法：将牛蒡根洗净，削皮切成厚片。鸡宰杀后去毛、内脏、脚爪，洗净，入沸水锅焯一下，捞出洗去血污。锅内放水煮鸡，煮沸时放入料酒、精盐、味精、葱、姜，炖至肉熟烂，投入牛蒡根厚片烧至入味，加胡椒粉即可。

功效：常煮食鲜牛蒡根，有抗胃癌、宫颈癌等作用。

4. 牛蒡炖大肠

主料：牛蒡 500 克，猪大肠 500 克。

调料：葱花 10 克，生姜片 10 克，精盐 10 克，味精 2 克，黄酒 5 克，大茴香 2 粒，花椒水 15 克。

制法：将牛蒡洗净，去皮切片。猪大肠洗净，焯水，切段。锅内加水，放入猪大肠，烧沸后加入黄酒、精盐、味精、葱花、生姜片、大茴香、花椒水，炖至大肠熟烂后，投入牛蒡烧至入味，出锅即可。

功效：促进血行，利肠通便。

5. 牛蒡炒肉片

主料：牛蒡根 500 克，猪瘦肉 100 克，鸡蛋 1 枚。

调料：葱花、生姜末各 10 克，精盐 4 克，味精 1 克，酱油 15 克，鲜汤 40 克，黄酒 10 克，醋 10

克，湿淀粉 25 克，精制植物油 30 克。

制法：将牛蒡根去皮洗净，切成薄片，放入沸水锅中稍焯，取出沥水。猪肉洗净，切薄片，加精盐 1 克、味精、黄酒 5 克，抓匀，再放入鸡蛋液抓匀，最后放入湿淀粉 15 克拌匀。炒锅上中火，放油烧至五成热，下肉片划散，倒入漏勺沥油。炒锅上旺火，放油烧至七成热，煸葱花、生姜末，烹醋、黄酒，下入牛蒡片、精盐翻炒，再加酱油、鲜汤、肉片炒至入味，加湿淀粉勾芡，装盘即可。

功效：兴奋神经，升白细胞。

6. 牛蒡炖肉

主料：牛蒡 500 克，猪肉 250 克。

调料：黄酒、精盐、味精、葱段、生姜片各适量。

制法：将牛蒡洗净，削皮切片。猪肉洗净切块。锅内加入清水，放入猪肉烧沸，加黄酒、精盐、味精、葱段、生姜片炖至肉熟，投入牛蒡炖至入味，出锅即可。

功效：祛风消肿，滋阴润燥。

（二十七）委陵菜 ◆

委陵菜又名翻白草、黄州白头翁、龙牙草等，属蔷薇科植物，为多年生草本。分布于东北、华北、西北、西南、华南等地。多生于山坡、路旁或沟边。

【营养成分及作用】嫩苗鲜品含水分 62.39%，每百克鲜重含抗坏血酸 49.4 毫克。干品每百克含粗蛋白 18.73 克，粗脂肪 2.33 克，粗纤维 18.73 克，无氮浸出物 50.34 克，粗灰分 8.59 克，钙 1.16 克，磷 0.12 克。根含淀粉，可食用和酿酒。其味微苦，性平，无毒，具有清热解毒、止血止痢，祛风去湿的功效。主治痢炎，风湿筋骨疼痛，瘫痪等症。

【菜谱】

1. 炒委陵菜

主料：委陵菜嫩茎叶 500 克。

调料：精盐、味精、葱花、猪油各适量。

制法：将委陵菜嫩茎叶去杂洗净，入沸水锅内焯一下，捞出洗净，挤干水切段。油锅烧热，下葱花煸香，投入委陵菜煸炒，加入精盐炒至入味，点入味精，炒匀出锅即成。

功效：适用于咯血、吐血、尿血、便血、赤白痢疾、崩漏带下、劳伤脱力等病症，并能提高人体防病抗病能力，强身健体。

2. 委陵菜炒猪肝

主料：委陵菜嫩茎叶 250 克，猪肝 250 克。

调料：料酒、精盐、味精、葱花、姜丝、猪油各适量。

制法：将委陵菜嫩茎叶去杂洗净，入沸水锅内焯一下，捞出洗净切段。猪肝洗净切片。油锅烧热，入葱、姜煸香，放入猪肝煸炒，烹入料酒，炒至猪肝熟而入味，投入委陵菜炒至入味，点入味精，炒匀出锅即成。

功效：补肝健胃，止泻养血。适用于咯血、吐血、尿血、便血、赤白痢疾、崩漏带下、劳伤脱力、面色萎黄、贫血、水肿、夜盲、两目昏花等病症。健康人食用能提高食欲，面色红润健美，提高抵抗力。

3. 委陵菜红枣汤

主料：委陵菜嫩茎叶 50 克，红枣 10 枚。

调料：红糖适量。

制法：将委陵菜嫩茎叶去杂洗净。红枣洗净后放入铝锅内，加入水适量，煮至枣熟，投入委陵菜煮沸20 分钟，加入红糖搅匀，出锅吃枣喝汤。

功效：补脾胃。适用于食欲不振、消化不良、多种出血、赤白痢疾、崩漏带下等病症。

（二十八）千屈菜 ◆

千屈菜又名败毒莲、对叶莲、对牙草、铁菱角等，属千屈菜科植物，为多年生草本植物。分布于全国各地，尤以河北、山西、陕西、河南、四川最多。多野生于沟旁、洼地、草丛间，亦有栽培作观赏。

【营养成分及作用】全草含千屈菜甙、鞣质，灰分中钠为钾的2倍，并含多量铁，胆碱0.026%。鞣质主要为没食子酸鞣质，其含量为：根8.5%，茎10.5%，叶12%，花13.7%，种子亦含大量鞣质。花含黄酮类化合物特荆素、莲草素、锦葵花素、矢车菊素半乳糖甙、没食子酸、并没食子酸和少量绿原酸。嫩茎叶含有丰富的蛋白质、脂肪、无机盐和多种维生素。其味甘微苦，性寒，无毒，具有清热解毒，凉血止血的功能。煎剂对葡萄球菌、伤寒杆菌、痢疾杆菌均有较强的抑制作用，并有抗出血作用。主治痢疾、血崩、溃疡等症。

【菜谱】

千屈菜马齿苋粥

主料：千屈菜 30 克，马齿苋 20 克（鲜品加倍），粳米 150 克。

调料：蜂蜜或红糖适量。

制法：粳米淘洗干净，千屈菜花及全草，择去老黄叶和根茎杂质，洗净，切 2 厘米的段，马齿苋洗净，切细；将粳米、千屈菜、马齿苋放入锅内，加清水适量，用旺火烧沸，转用中火煮至米熟烂成粥。加蜂蜜或红糖调味。

功效：清热凉血，解毒利湿。用于肠炎、痢疾、便血等症。

（二十九）刺儿菜

刺儿菜又名小蓟、猫蓟、青刺蓟、千针草、刺蓟菜、枪刀菜、刺尖头草等，属菊科植物，为多年生草本植物。我国大部分地区都有分布。常生于路旁、沟边、田间、荒丘、农田附近。

【营养成分及作用】全草含胆碱、生物碱、皂甙等。每百克鲜嫩茎叶含蛋白质 4.7 克，脂肪 0.5 克，碳 2.60 毫克，碳水化合物 3.9 克，热量 40 千卡，粗纤维 1.9 克，钙 2.60 毫克，磷 43 毫克，铁 21.1 毫克。胡萝卜素 6.12 毫克，硫胺素 0.06 毫克，核黄素 0.37 毫克，烟酸 2.4 毫克，抗坏血酸 46 毫克。其味甘，性凉，具有凉血、祛瘀、止血的功效。主治吐血、衄血、尿血、血淋、便血、血崩、急性传染性肝炎、创伤出血、疔疮、痈毒、功能性子宫出血等症。

【菜谱】

1. 炒刺儿菜芽

主料：刺儿菜 500 克。

调料：精盐、味精、葱花、素油各适量。

制法：将刺儿菜幼苗去杂洗净，入沸水锅焯一下，捞出洗去苦味，挤干水切段。油锅烧热，下葱花煸香，加入刺儿菜、精盐炒至入味，点入味精，出锅即成。

功效：凉血、祛瘀、止血。适用于吐血、衄血、尿血、血淋、便血、血崩、急性传染性肝炎、痈毒等病症。

2. 刺儿菜豆羹

主料：刺儿菜 350 克，黄豆 100 克。

调料：精盐、味精、葱花、素油各适量。

制法：将刺儿菜幼苗去杂洗净，入沸水锅焯一下，捞出洗去苦味，挤干水切段。黄豆泡发磨成豆末。油锅烧热，加入葱花煸香，加入刺儿菜、精盐炒至入味。将黄豆末放锅内烧热，加入刺儿菜，点入味精，出锅即成。

功效：健脾，润燥，凉血，止血。适用于吐血、衄血、疮痈肿毒、腹胀羸瘦、消渴、烦热等病症。

3. 酸辣刺儿菜

主料：刺儿菜嫩芽 500 克。

调料：蒜茸 25 克，精盐 3 克，味精 2 克，醋 20 克，黄酒 5 克，麻油 15 克。

制法：刺儿菜择洗干净，放入沸水锅中焯透，捞出沥水，放碗内备用。蒜茸、精盐、味精、醋、黄酒、麻油放入刺儿菜碗内，拌匀，装盘即成。

功效：凉血破血。

4. 刺儿菜炒鸡蛋

主料：鲜刺儿菜嫩叶 200 克，鸡蛋 2 个。

调料：精盐、味精、葱花、植物油各适量。

制法：刺儿菜叶洗净，放沸水锅内焯一下，捞入清水中洗去苦味，挤干水切碎。鸡蛋打入碗内搅匀。油锅烧热，下葱花煸香，投入刺儿菜叶煸炒，加入精盐炒至入味，倒入鸡蛋炒匀，炒至成块，再划成小块，加入少量清水，炒至入味，放入味精，出锅即成。

功效：凉血止血，清热解毒，滋阴润燥。

5. 蒜茸刺儿菜

主料：刺儿菜 500 克。

调料：蒜茸、精盐、味精、葱花、植物油各适量。

制法：刺儿菜幼苗去杂洗净，放入沸水锅焯一下，捞出挤干水，切成段。炒锅上火，放油烧热，下葱花煸香，投入刺儿菜、精盐、味精，炒至入味，再投入蒜茸调匀即成。

功效：健脾止血。

6. 刺儿菜蒸菜

主料：刺儿菜嫩芽 600 克，豆粉 50 克，玉米粉 150 克。

调料：精盐 5 克，味精 2 克，葱花 15 克。

制法：刺儿菜洗净，沥干水，放大盘中，加豆粉、玉米粉、精盐、味精、葱花拌匀。蒸锅加水置旺火上，开锅后放入装刺儿菜的盘子，蒸制 15 分钟即成。

功效：补脾健脾，护肝和胃。

7. 刺儿菜鸡蛋汤

主料：刺儿菜 100 克，鸡蛋 2 个。

调料：湿淀粉 50 克，素鲜汤 1 000 克，精盐、生姜末、味精、麻油各适量。

制法：刺儿菜去杂洗净。鸡蛋打在碗内搅匀。素鲜汤入锅，加精盐、味精、生姜末，沸后去浮沫，湿淀粉勾芡，倒入搅匀的鸡蛋，再放入刺儿菜，淋上麻油即成。

功效：补气健脑，凉血止血。

（三十）野山药

野山药又名日本薯蓣、山芋、野山豆、九黄姜、野白薯。原名薯蓣。药用以山地野生为佳，各地亦有栽培。属薯蓣科植物，为缠绕藤本植物。分布于西南、华南、华中、西北等地。喜生于向阳山坡或灌丛中或林下。

【营养成分及作用】块茎含薯蓣皂甙、黏液质、胆碱、淀粉、糖蛋白、多种氨基酸、维生素 C、止杈素、多酚氧化酶、3,4-二羟基苯乙胺，以及钙、磷、

铁等矿物质。黏液中含甘露聚糖与植酸。其味甘，性温，无毒，入肺、脾、肾三经，具有健脾、补肺、固肾、益精的功效，是治疗脾虚泄泻、久痢、虚劳咳嗽、消渴、遗精、带下、小便频数等症的良药。

【菜谱】

1. 椒盐"虾球"

主料：山药 200 克，荸荠 100 克，面粉 50 克，番茄酱 20 克。

调料：精盐、味精、姜、花椒盐、发酵粉、麻油、豆油各适量。

制法：将山药洗净入蒸笼蒸熟去皮，放案板上用刀压成泥状。荸荠洗净削皮，用刀拍松后斩成末，同山药泥放大碗内，加精盐、味精、姜末、淀粉和适量水调稠，再加面粉、发酵粉拌匀成糊。炒锅入油烧至五成热，将山药做成如杏子大小的"虾球"入油锅炸，待外壳炸成浅黄色时捞出装盘，配花椒盐、麻油、番茄酱上桌。

功效：益肺，健脾，补肾。

2. 山药炒肉片

主料：瘦猪肉 500 克，鲜山药 750 克。

调料：料酒、精盐、味精、酱油、葱段、姜片、白糖各适量。

制法：将山药去皮洗净切片。猪肉洗净切片。将猪肉投入锅中煸炒至水干，加入酱油煸炒一段时间，放入精盐、料酒、葱、姜、白糖、水继续煸炒至肉熟，投入山药片，煸炒至山药入味，点入味精，炒匀即可出锅。

功效：补肾益精，润养血脉。适用于脾肾虚弱、肤发枯燥、肺虚燥咳等症。

3. 拔丝山药

主料：山药 500 克，白糖 200 克，芝麻 10 克。

调料：淀粉、素油各适量。

制法：山药洗净，上笼蒸熟去皮，用刀切成菱形块，撒上干淀粉。油锅内下油烧至八成热，将山药块投入油锅，炸至金黄色，外脆，即可捞起沥油。炒锅加入清水、白糖，加热使白糖溶化成浆液，待烧至黏性起丝撒入芝麻，投入山药块，迅速翻炒，起锅装于涂过油的盘中。

功效：防止心血管系统脂肪沉积，保持血管弹性，防止动脉过早硬化，防止肝、肾中结缔组织萎缩，提高人体免疫能力。

4. 清蒸山药

主料：山药 500 克，青梅 25 克，大枣 5 个。

调料：白糖、熟猪油各适量。

制法：把山药洗净去皮，切成 6 厘米长的段，每段破成四瓣，用开水烫一下。红枣切成两半，去核。青梅切成片。碗内抹上凉猪油，青梅、红枣在碗底摆成图案，把山药段放在上面，撒上白糖二两，上笼蒸烂取出扣在盘内。锅内放入清水，加白糖烧开，撇去浮沫，浇在盘内山药上即成。

功效：提高免疫力。

5. 淮山芡实肉粥

主料：粳米 200 克，瘦猪肉 300 克，芡实 50 克，淮山药 150 克。

调料：葱花、精盐各适量。

制法：将米洗净，用少许盐腌拌，放入沸水锅中先熬粥。将淮山药、芡实用水稍浸过，去杂洗净。猪肉洗净切成小块，放入粥内同煮，约 30 分钟后加盐调味，撒入葱花即成。

功效：健脾胃，泽肌肤。

6. 淮药京糕饼

主料：淮山药 300 克，面粉 100 克，京糕

100克。

调料：白糖、香精、素油各适量。

制法：将京糕切碎，加入白糖、香精拌匀成馅。淮山药打成细末，加入清水和面粉揉匀，搓成长条，揪成16个面剂，并将面剂擀成圆皮，加京糕馅包成圆饼。将圆饼下入七成热油锅中，炸至金黄色，浮起时捞出，撒上白糖即成。

功效：健脾固肾。适用于脾虚久痢，食滞、消化不良等症。

（三十一）墨菜 ◆

墨菜又名墨烟草、猪牙草、鳢肠、墨旱莲、墨斗草、墨记菜、旱莲草、旱莲子、黑墨草、墨汁草等，属菊科植物鳢肠，为一年生草本植物。分布于辽宁、河北、山东、江苏、浙江、安徽、江西、福建等地。生长于田野、路边、溪边及阴湿地带。

【营养成分及作用】全草含皂甙 1.32%，烟碱约
0.08%，鞣质，维生素 A，鳢肠素，多种噻吩化合物
如 α-三联噻吩基甲醇及其乙酸酯，去甲基怀德内酯
等。其味甘酸，性凉，无毒，具有补血、止血、凉
血，清热解毒、滋阴补肝肾的功效，入肝、肾经。治
吐血、咯血、衄血、尿血、便血、血痢、刀伤出血、
须发早白、白喉、淋浊、带下、阴部湿痒等症。脾肾
虚寒者忌服。

【菜谱】

1. 炒墨菜

主料：墨菜幼苗或嫩茎叶 250 克。

调料：精盐、素油各适量。

制法：将墨菜幼苗或嫩茎叶去杂洗净，切段，加
油入锅翻炒，炒熟即可。

功效：具有补血、止血、凉血，清热解毒、滋阴
补肝肾的功效。

2. 腌渍墨菜

主料：墨菜幼苗或嫩茎叶。

调料：精盐适量。

制法：将墨菜幼苗或嫩茎叶去杂洗净，沥干水
分，腌渍即可。

功效：具有补血、止血、凉血，清热解毒、滋阴
补肝肾的功效。

（三十二）胭脂菜

胭脂菜又名燕脂菜、御菜、落葵、天葵、木耳菜、滑腹菜等，属落葵科植物，为一年生缠绕草本植物。我国南北各地都有野生或栽培。

【营养成分及作用】嫩叶每百克可食部分含有胡萝卜素 2.02 毫克，维生素 0.34 毫克，硫胺素 0.06毫克，核黄素 0.13 毫克，黄酸 0.8 毫克，抗坏血酸26 毫克，维生素 E 0.72 毫克，蛋白质 1.6 克，脂肪0.3 克，膳食纤维 1.5 克，碳水化合物 2.8 克，钾285 毫克，钠 15.2 毫克，钙 67 毫克，镁 14 毫克，铁 2.4 毫克，锰 0.44 毫克，锌 0.87 毫克，铜 0.13毫克，磷 38 毫克，硒 0.75 毫克。叶还含葡聚糖、有机酸、皂甙等。其味甘，性寒，无毒，具有清热、滑肠、凉血、解毒的功效。治大便秘结、小便短涩、痢疾、便血、斑疹、疔疮等症。

【菜谱】

1. 胭脂木耳

主料：胭脂菜叶 50 克，丝瓜 50 克，水发木耳 100 克。

调料：植物油、葱姜丝、精盐、味精、番茄酱、香油各适量。

制法：用清水将胭脂菜、丝瓜及木耳洗净，沥尽水分后分别加工。先将胭脂菜掐成单叶片，再将木耳掰成小块，后将丝瓜刮去外皮，斜切成薄片。植物油少许下锅烧热，用葱姜丝爆锅，加番茄酱、丝瓜片略煸炒，再加进胭脂菜叶和木耳炒熟，用精盐、味精调味，滴上香油翻匀即可。（注意：炒时操作要迅速）

功效：具有清热、滑肠、凉血、解毒的功效。

2. 清炒胭脂菜

主料：胭脂菜叶 350 克。

调料：植物油、精盐、料酒、香油、大蒜各适量。

制法：胭脂菜洗净，捞出沥水备用；蒜切成末；炒锅放火上，倒入植物油烧热，放入蒜末稍炒；倒入料酒，放入胭脂菜、精盐、味精，浇入香油，出锅即可。

功效：可治大便秘结、小便短涩、痢疾、便血、斑疹、疔疮等症。

（三十三）树参 ◇

树参即枫荷梨，又名半荷枫、鸭脚木、五加皮、鸭掌柴、白山鸡骨、金鸡趾，属五加科植物树参，为常绿灌木或乔木植物。分布于长江以南各地。多生于阴湿的常绿阔叶林中或山坡灌丛。

【营养成分及作用】树参嫩芽含蛋白质、脂肪、膳食纤维、维生素 C 及其他多种维生素、有机酸、糖、微量元素等。其味甘，性温，具有祛风湿、壮筋骨、活血止痛的功效。治风湿痹痛，偏瘫、偏头痛、月经不调等症。

【菜谱】

1. 清炒树参

主料：树参嫩茎叶 350 克。

调料：植物油、精盐、料酒、大蒜、味精、香油各适量。

制法：树参嫩茎叶洗净，捞出沥水备用；蒜切成末；炒锅放火上，倒入植物油烧热，放入蒜末稍炒；倒入料酒，放入树参嫩茎叶、精盐、味精，浇入香油，出锅即可。

功效：具有祛风湿、壮筋骨、活血止痛的功能。

2. 凉拌树参

主料：树参嫩茎叶 250 克。

调料：芝麻油、精盐适量。

制法：树参嫩茎叶洗净，水煮至八分熟，捞出放入盘中，用芝麻油、精盐拌匀即可。

功效：对偏头痛、风湿痹痛等症有效。

3. 树参炖老鸭

主料：树参茎叶干 100 克，老鸭 500 克。

调料：姜、精盐适量。

制法：树参茎叶干洗净，与老鸭一起放入砂锅中炖熟即可。

功效：对风湿痹痛，偏瘫、偏头痛、月经不调等症有效。

（三十四）香椿 ◆

香椿又名香椿芽、香椿、香桩头、大红椿树、椿天等。根有二层皮，又称椿白皮，原产于中国，分布于长江南北的广大地区，为楝科。落叶乔木，雌雄异株，叶呈偶数羽状复叶，圆锥花序，两性花白色，果实是椭圆形蒴果，翅状种子，种子可以繁殖。树体高大，除提供椿芽食用外，也是园林绿化的优选树种。古代称香椿为椿，称臭椿为樗。中国人食用香椿久已成习，汉代就遍布大江南北。

【营养成分及作用】 每百克香椿头中，含蛋白质9.8克、含钙143毫克、含维生素C 115毫克，居蔬菜中前茅。另外，还含磷135毫克、胡萝卜素1.36毫克，以及铁和B族维生素等营养物质。香椿苦、涩、平，入肝、胃、肾经。椿芽营养丰富，并具有食疗作用，主治外感风寒、风湿痹痛、胃痛、痢疾等。

【菜谱】

1. 香椿炒鸡蛋

主料：嫩香椿头150克，鸡蛋6个。

调料：盐、料酒、熟油、植物油各适量。

制法：将香椿头洗净，用开水烫一下，捞出放入冷水过凉切末。将鸡蛋磕入碗内，加入香椿、盐、料酒，搅成蛋糊。炒锅注油烧至七成热，将鸡蛋糊倒入锅内，翻炒至鸡蛋嫩熟，淋上少许熟油，装盘即可。

功效：具有滋阴润燥，泽肤健美的功效。适用于虚劳吐血，目赤，营养不良，白秃等病症。常人食之可增强人体抗病、防病能力。

2. 香椿炒豆腐

主料：嫩香椿头 150 克，豆腐 200 克。

调料：酱油、盐、料酒、姜汁、味精、香油、植物油各适量。

制法：将豆腐切成厚片，加精盐腌 30 分钟；香椿择洗干净，切成段；炒锅注油烧至五成热，放入豆腐片煎至两面金黄色，烹入料酒、酱油、姜汁、少许水，放入香椿段，中火收干汤汁，淋入香油，撒入味精即可。

功效：具有减肥美容、预防骨质疏松的作用。

3. 香椿炒鸡丝

主料：香椿 15 克，鸡胸肉 200 克。

调料：酱油 1 汤匙、白糖、盐、味精、香油、辣椒油各适量。

制法：鸡胸肉洗净后放在冷水锅中煮沸，去浮沫，刚熟时捞出晾凉；香椿洗净后用开水焯一下，切成碎末。将酱油、白糖、盐、味精、香油、辣椒油调成调味汁。鸡胸肉切丝，盛入盘中，淋上调味汁，撒上香椿即可。

功效：具有利尿、缓解痛风、开胃的作用。

4. 香椿炒山药

主料：香椿 50 克，山药 450 克。

调料：葱花、花生油、盐、味精、香油各适量。

制法：将山药去皮，洗净切片；香椿去茎部切成末。将山药焯水，断生捞出。锅中注油烧热，下入葱花、香椿末爆香，加入山药、盐、味精炒匀，淋香油即可。

功效：具有护肝、养胃、补中益气的作用。

（三十五）灰条菜

灰条菜又名藜、藜花果、灰菜、鹤顶草、红落藜、落藜、灰苋菜、灰蓼头草，为藜科植物藜的幼嫩全草，为一年生草本植物。全国各地均有分布。多生于田间、荒地、路旁或山坡。

【营养成分及作用】每百克嫩茎叶含蛋白质 3.5克，脂肪 0.8 克，碳水化合物 6 克，热量 46 千卡，粗纤维 1.2 克，灰分 23 克，钙 209 毫克，磷 70 毫克，铁 0.9 毫克，胡萝卜素 5.36 毫克，硫胺素 0.13

毫克，核黄素 0.29 毫克，烟酸 1.4 毫克，抗坏血酸 69 毫克。全草含挥发油。叶的脂质中 68% 是中性脂肪，内含棕榈酸、油酸、亚油酸等。根含甜菜碱、氨基酸、甾醇、油脂等。种子含油 5.54%～14.86%。其味甜，性平，具有祛风解散毒、清热利湿、杀虫止痒的功效。治痢疾、腹泻、湿疮痒疹、毒虫咬伤等症。

【菜谱】

1. 凉拌灰条菜

主料：灰条菜 250 克。

调料：精盐、味精、酱油、蒜泥、麻油各适量。

制法：将灰条菜去杂洗净，入沸水锅内焯一下，捞出放清水中多次洗净，挤干水放入盘内，加入精盐、味精、酱油、麻油拌匀即成。

功效：清热、利湿、杀虫。适用于痢疾、腹泻等病症。

2. 灰条菜炒肉丝

主料：灰条菜 250 克，猪肉 100 克。

调料：精盐、料酒、味精、葱花、酱油、姜末各适量。

制法：将灰条菜去杂洗净，入沸水锅焯一下，捞出用清水多次洗净，切段待用。猪肉洗净切丝。锅烧热，放入肉丝煸炒至水干，烹入酱油煸炒，放入葱、姜，煸炒至熟，加入精盐、料酒，炒至入味，投入灰条菜炒至入味，点入味精，出锅装盘即可。

功效：滋阴润燥，清热利湿。适用于痢疾、腹泻、体虚、乏力等病症。并能提高人体防病抗病能力。

3. 灰条菜包子

主料：灰条菜 1 000 克，面粉 1 000 克左右，虾皮 25 克。

调料：精盐、味精、葱花、猪油各适量。

制法：将灰条菜去杂洗净，入沸水锅焯一下，放入清水，洗去苦味，切碎放入盆内，再放入虾皮、精盐、味精、葱花、猪油，拌匀即成馅。将面粉加入酵头和水和匀，待面发酵，用食碱中和酸味，揉匀切成一个个面剂，擀成包子面皮，包馅成一个个包子，上笼蒸至熟，出笼即成。

功效：清热，利湿。适用于痢疾、腹泻等病症。

（三十六）茵陈蒿

茵陈蒿为菊科植物茵陈的嫩茎叶。《本草纲目》载"茵陈，昔人多莳为蔬。"

【营养成分及作用】茵陈蒿每百克嫩茎叶含水分79克，蛋白质 5.6 克，脂肪 0.4 克，碳水化合物 8克，钙 257 毫克，磷 97 毫克，铁 21 毫克，胡萝卜素5.02 毫克，维生素 B_1 0.05 毫克，维生素 B_2 0.35 毫克，烟酸 0.2 毫克，维生素 C 2 毫克，还含有蒿属香豆精、绿原酸等。茵陈蒿性味辛凉，具有清热利湿的功效。治湿热黄疸、小便不利、风痒疥疮等有一定疗效。

【菜谱】

1. 凉拌茵陈蒿

主料：茵陈蒿 250 克。

调料：精盐、味精、白糖、麻油各适量。

制法：将茵陈蒿去杂洗净，入沸水锅焯透，捞出洗净，挤干水切碎放盘中，加入精盐、味精、白糖、麻油，食时拌匀即可。

功效：清热利尿。适用于湿热黄疸、小便不利、风痒疥疮、两目昏花、夜盲等病症。

2. 茵陈蒿炒肉丝

主料：茵陈蒿嫩茎叶 250g，猪肉 100g。

调料：葱花 10g，姜末 5g，精盐、味精、酱油、料酒各适量。

制法：将茵陈蒿洗净，入沸水锅焯片刻，捞出挤干水分切段，猪肉洗净切丝。将料酒、精盐、味精、酱油、葱花、姜末放入碗内，搅匀成调味汁。炒勺加油烧热，下入肉丝煸炒至发白，倒入调味汁，炒至肉丝入味，投入茵陈蒿再炒至入味，出勺即成。

功效：健脾益胃，和中利湿。适用于脾胃不和、不欲饮食、小便不畅、大便溏泄等病症。

3. 茵陈蒿窝头

主料：鲜茵陈蒿 100g，米面适量。

制法：将茵陈蒿洗净，捣烂取汁，加清水适量调和米面，做成窝头，蒸熟食，或做成馒头亦可。

功效：对急性黄疸性肝炎有一定作用。

4. 茵陈蒿荷叶粥

主料：茵陈蒿 25g，新鲜荷叶 1 张，粳米 100g。

调料：白糖适量。

制法：先将茵陈蒿、荷叶洗净煎汤，取汁去渣，加入洗净的粳米同煮，待粥将熟时，放入白糖稍煮即成。

功效：此粥色淡绿，质浓，清香甘甜，具有健补脾胃、利胆退黄的功效。适用于慢性肝炎恢复期，对疾病的痊愈有一定的作用。

（三十七）蒌蒿

蒌蒿又名芦蒿、水艾、水蒿等，为菊科蒿属多年生草本植物。嫩茎叶可凉拌、炒食。根状茎腌渍。

【营养成分及作用】蒌蒿每百克嫩茎叶含水分82克，蛋白质3.7克，脂肪0.7克，碳水化合物9克，胡萝卜素4.35毫克，维生素B 0.3毫克，烟酸1.3

毫克，维生素 C 23 毫克，还含有多种矿物质。可用于治疗急性传染性肝炎，无副作用。

【菜谱】

1. 凉拌蒌蒿

主料：蒌蒿嫩茎叶 300 克。

调料：精盐、味精、蒜泥、麻油各适量。

制法：将蒌蒿去杂洗净，入沸水锅焯透，捞出挤干水，切碎装盘，加入精盐、味精、蒜泥、麻油，食时拌匀即可。

功效：可治疗急性传染性肝炎，又能树人体正气，增强体质，防病抗病，泽润皮肤。

2. 蒌蒿炒肉丝

主料：蒌蒿嫩苗 250 克，猪肉 100 克。

调料：料酒、精盐、味精、酱油、葱花、姜末各适量。

制法：将蒌蒿去杂洗净，入沸水锅焯一下，捞出挤干水切段。猪肉洗净切丝。锅烧热下肉丝煸炒，加入酱油、葱、姜煸炒，再放入料酒、精盐炒至肉丝熟而入味，投入蒌蒿炒至入味，出锅即可。

功效：利胆退黄、滋阴润燥。适用于急性传染性肝炎、消渴、烦热、体虚、乏力、阴虚干咳、吐血、便秘等病症。

3. 腌蒌蒿根

主料：蒌蒿根 5 千克。

调料：食盐适量。

制法：将蒌蒿根去杂洗净，晾干水分，放坛内，一层蒌蒿根一层盐，每天翻缸一次，10天后即可食用。吃时洗净切段装盘。

功效：可预防急性传染性肝炎，并有一定辅助食疗作用。

（三十八）罗勒

罗勒又名毛罗勒、兰香。是唇形目唇形科罗勒属，为一年生草本植物。嫩茎叶可调制凉菜，油炸或做汤。

【营养成分及作用】罗勒含挥发油，性味辛温，具有疏风行气、化湿消食、活血、解毒的功效。治外感头痛、食胀气滞、脘痛、泄泻、月经不调等病症。

【菜谱】

1. 凉拌罗勒

主料：罗勒嫩茎叶 300 克。

调料：精盐、味精、酱油、麻油各适量。

制法：将罗勒去杂洗净，入沸水锅焯透，捞出洗净，挤干水分，切段放盘内，加入精盐、味精、酱油、麻油，拌匀即可。

功效：此菜适用于外感头痛、食胀气滞、胃痛、消化不良、肠炎泄泻、风湿痹痛等病症。气虚血燥者慎食用。

2. 罗勒叶馅饼

主料：罗勒嫩茎叶 300 克，面粉 500 克。

调料：精盐、姜末、猪油、发酵粉各适量。

制法：将罗勒叶去杂洗净切碎，放盆内，加入精盐、姜末、猪油拌匀成馅。将适量发酵粉放入面粉，用水和匀发酵，揉匀做成 5 个面剂，擀成面皮，放上馅包成 5 个馅饼。放入平底锅内烤熟出锅即可。

功效：疏表，散风热。适用于外感头痛、发热咳嗽、胃肠胀气、消化不良、胃痛、腹泻等病症。

（三十九）木槿花 ◆

木槿花，又名白槿花、桐树花、大碗花、篱障花、清明篱、白板花，因其晨放夕陨，故又有

"朝开暮落花"之称。为锦葵科木槿属植物，为世界各国人民喜爱食用的野菜之一。木槿花可烹调可做汤。根据古书记载，食用木槿花时，以白花者为最佳。

【营养成分及作用】木槿花营养丰富。每百克的木槿花（白色）可食用部分中，富含蛋白质 1.3 克，脂肪 0.1 克，碳水化合物 0.8 克，钙 12 毫克，磷 36 毫克，铁 0.9 毫克，烟酸 1 毫克。具有清热、利湿、凉血的功效。主治肠风泻血、痢疾、白带，外用治疮疖痈肿、烫伤等疾病。《医林纂要》记载："木槿花，白花肺热咳嗽吐血者宜之，且治肺痈，以甘补淡渗之功。又赤白花分治赤白痢，以大肠与肺相表里，小肠与心相表里。凡痢、二肠湿热也，去滑去滞，则愈矣。"

【菜谱】

1. 木槿花炖猪肉

主料：鲜木槿花 100 克，猪肉 250 克，菊花

15 克。

调料：生姜末 25 克，葱段 10 克，料酒、精盐、味精、酱油各适量。

制法：把猪肉清洗干净，切成小块，放入碗内，待用。将砂锅刷洗干净，加水适量，置于火上，先用武火煮沸，放入猪肉，改用文火熬煮 30 分钟，加入料酒、精盐、酱油、葱段、菊花、生姜末，转为用小火炖至猪肉熟，投入木槿花炖至入味，点入味精，起锅装碗，即可食用。

功效：清利湿热，补中益气，养阴止血。

2. 木槿花鲫鱼

主料：鲜木槿花 22 朵，鲫鱼 2 尾（约 750 克）。

调料：葱 500 克，猪板油 100 克，生姜丝 25 克，料酒、精盐、白糖、醋、酱油、味精、熟猪油、花生油各适量。

制法：将木槿花去蒂，取花瓣，放入水中，清洗干净，切成粗丝，待用。把鲫鱼逐条去鳞、去鳃，剖腹去内脏，再用清水洗去污血，剁去鱼鳍，在鱼身体两面直刀划几下，放入盘中，待用。将葱择去杂质，放入水中，清洗干净，取葱白切 10 厘米长的小段，再切成两半，剩余的葱收起，待用。把猪板油清洗干净，切成方丁，放入碗内，待用。将炒锅刷洗干净，置于火上，下花生油，烧至七成热时，把已抹上酱油的鲫鱼放入油锅内炸至金黄色，捞起，放入盘中，待用。把炒锅再次刷洗干净，锅底垫入剩下的葱和姜丝，鱼放在上面，板油丁撒在上面，加入料酒、精盐、酱油、白糖、清水，清水要漫过鱼身，用武火烧开，再转用小火焖约 1 小时，再改用武火，放入熟猪油、木槿花瓣、味精，调好味收汁，加入少许醋，起锅时，垫锅的葱、姜不要，装盘即可。

功效：具有利湿的功效。

3. 酥炸木槿花

主料：木槿花 250 克，面粉 250 克。

调料：植物油 500 克（约耗 50 克），葱 25 克，发面（蒸馒头用的）、精盐、味精、碱水各适量。

制法：将木槿花择去杂质，放入水中，清洗干净，晾干，待用。把葱择去杂质，清洗干净，切成细丝，待用。将发面 50 克，放入碗内，添入少量水解开，再加清水 150 克、面粉 150 克，搅拌成糊，放置，发酵 3 小时左右，在使用之前，投入少量花生油和碱水拌匀，再加入木槿花、葱丝、精盐、味精，待用。把锅刷洗干净，置旺火上，加植物油，烧至七成热时，取挂上糊的木槿花放入油锅炸酥，捞出，沥干油，装入盘内，即可食用。

功效：清利湿热，养阴止血。适于治疗反胃、便血等病症。

4. 木槿花砂仁豆腐汤

主料：白木槿花 12 朵，阳春砂仁 1 克，嫩豆腐

250 克。

调料：生姜末 25 克，精盐、味精、花生油、香油各适量。

制法：将白木槿花择去杂质，放入水中，清洗干净，沥干水分，待用。把炒锅刷洗干净，置于火上，下花生油，烧至八成热，放入阳春砂仁和生姜末炒出香味，捞出，去渣，加清水 500 毫升，先用武火煮沸，放入事先切好的豆腐，放入精盐、味精调味，投入木槿花，淋上香油，起锅装碗，即可食用。

功效：清热解毒，利湿止痢，凉血。

5. 木槿花速溶晶

主料：木槿花 500 克。

调料：白砂糖 500 克。

制法：将木槿花去蒂，放入水中，清洗干净，切成碎末，待用。把木槿花碎末放入砂锅内，加水适量，置于火上，熬煮半小时，去渣取汁，待用。将熬煮的木槿花汁液放凉，拌入砂糖，烘干，压碎，装入瓶内，封好瓶口，备用。食用时，每次取 10 克，开水冲服，1 日服用 2 次。

功效：清热解毒，凉血止血。

6. 木槿藕粉羹

主料：木槿花 15 克，糯米 50 克，藕粉 50 克。

调料：白糖适量。

制法：木槿花采取后，洗净，阴干研末。糯米淘洗干净后入锅，加适量清水，用旺火煮开后转用小火煮成稠粥，粥将成时调入藕粉、木槿花，加白糖调味即成。

功效：清热解毒，凉血止血。

（四十）玫瑰花 ◆

玫瑰花，又名徘徊花，属蔷薇科小灌木。原产中国长江中游和中下游地区，是著名的观赏花卉之一。它不仅可以提取价格较为昂贵的玫瑰油，而且可以食用。玫瑰食用历史悠久。《食物本草》记载："玫瑰花食之芳香甘美，食人神爽。"

【营养成分及作用】玫瑰花含有丰富的维生素 C、葡萄糖、木糖、蔗糖、柠檬酸、苹果酸等营养成分。玫瑰花含有挥发油、酯类、苯乙醇、橙花醇、芳樟

醇、槲皮苷、没食子酸、丁香酚、有机酸、红色素、黄色素、蜡质等。玫瑰花性味甘、微苦。具有理气解郁、和血散淤的功效。适于治疗肝胃气痛、上腹胀痛、月经不调、赤白带下、痢疾、乳痈、肿毒等病症。《纲目草正义》记载："玫瑰花，香气最浓，清而不浊，和而不猛，柔肝醒胃，疏气活血。"

【菜谱】

1. 玫瑰花烤羊心

主料：鲜玫瑰花 50 克，羊心 50 克。

调料：精盐适量。

制法：将玫瑰花择去杂质，清洗干净，放入锅中（除铁锅外，铝锅、砂锅均可），加入清水、精盐适量，煮数分钟，晾凉，待用。把羊心放入水中，清洗干净，切成小块，穿在烤签上，边烤边蘸玫瑰盐水，反复在明火上烤炙，烤熟稍候即可趁热食用。

功效：补心安神。适合用于治疗心血亏虚、惊悸失眠、郁闷不乐等病症。

2. 玫瑰鳜肉条

主料：鲜玫瑰花 4 朵，鳜鱼肉 400 克。

调料：花生油、芝麻、白糖、湿淀粉各适量。

制法：将玫瑰花去杂洗净切成粗丝待用。把鳜鱼洗净去皮骨切成小的一字条，放入盆内，加入湿淀粉拌匀待用。芝麻洗净沥干水分后炒熟盛入盘内待用。炒锅内下花生油烧至六成热时，将已浆好的鳜鱼肉条逐条放入油锅里炸至金黄色时捞出，沥干油装进盘中待用。锅里留底油少许，放入适量白糖，迅速煸炒至能拉长丝，随即下鳜鱼条颠炒几下，待糖全裹在鱼肉上，投入芝麻、鲜玫瑰花丝，迅速翻炒几下，盛进事先已抹好油的平盘上，晾凉后即可食用。

功效：补气血，益脾胃，舒肝解郁，调经。适于治疗妇女月经不调、痛经等病症。

3. 玫瑰锅巴鸡肉片

主料：鲜玫瑰花 2 朵，鲜鸡脯肉 200 克，大米锅巴 150 克。

调料：花生油、淀粉、醋、化猪油、鸡汤、酱油、白糖、精盐、味精、葱花、生姜末、蒜蓉、水发玉兰片、料酒、鸡蛋各适量。

制法：将鲜鸡脯肉洗净，除去筋，切成薄片，装进大碗内，加入精盐、味精、鸡蛋清、淀粉，拌匀上浆待用。把玉兰片、玫瑰花分别洗净，切成薄片待用。将白糖、醋、料酒、味精、酱油、鸡汤、湿淀粉放入事先准备好的碗中，迅速搅匀，兑成芡汁待用。炒锅置于武火上，下化猪油，烧至六成热时，将鸡片投入锅内，迅速拨散，接着放入葱花、生姜末、蒜蓉和玉兰片，多煸炒几下，随后再下入兑好的芡汁，煸炒均匀，起锅盛入碗内待用。将干透的锅巴掰成块，直接放入盘中待用。炒锅置旺火上，放入花生油，烧至六成热后，及时倒入锅巴，炸呈金黄色，捞出，盛入盘中，并在盘底置沸油 25 克左右，撒下玫瑰花瓣，随即连同炒好的汤汁鸡肉片一起上席。待锅巴在桌上摆放好之后，再将汤汁鸡肉片浇在锅巴上，顿时发出"哗嚓"声，喷出阵阵浓烈的香气即可食用。

功效：和血舒肝，益胃健脾，补虚劳羸瘦。

4. 玫瑰玻璃肉

主料：鲜玫瑰花 2 朵，肥猪肉 400 克。

调料：芝麻、白糖、花生油、湿淀粉各适量。

制法：将玫瑰花洗净切成粗丝待用。把肥猪肉洗净切成小条状，放入碗内，加湿淀粉拌匀待用。将芝麻洗净晾干炒熟待用。炒锅置火上，倒入花生油，烧至六成热，将已浆好的猪肉逐条入锅中炸熟捞出沥干油，装进盘中待用。在锅内留底油少许，放入白糖，进行翻炒至能挂长丝，随即下肉条颠翻几下，待糖全裹肥膘上面，投入芝麻仁、鲜玫瑰花丝，迅速翻炒几下，盛在抹好油的平盘内，晾凉即可食用。

功效：补肺健脾，理气和血。适于治疗脾胃虚弱、阴虚咳嗽、食欲不振、消化不良、便秘等病症。

5. 玫瑰荸荠饼

主料：新鲜玫瑰花 3 朵，玫瑰酱 20 克，削皮荸荠 1 500 克。

调料：熟猪油、红糖、芝麻、枣泥、面粉各适量。

制法：炒锅下熟猪油，烧至六成热，投入枣泥、玫瑰酱、新鲜玫瑰花末（用刀切成末）、白糖，煸炒一下，制作成馅待用。把去皮荸荠洗净，剁成蓉，装入萝筛稍压水分，加入面粉，制作成 30 个装馅的丸子，再沾满芝麻仁待用。炒锅放入熟猪油，烧至八成热时，把荸荠丸子下锅炸至深红色，倒入漏匀沥干油，用手勺稍压扁，盛入盘中，撒上红糖即可食用。

功效：清热理气，解郁消积，和血散淤，化痰消渴。

6. 玫瑰香蕉

主料：鲜玫瑰花 3 朵，香蕉 800 克，鸡蛋 2 只。

调料：面粉、白糖、芝麻仁、淀粉、花生油各适量。

制法：将鲜玫瑰花洗净，晾干，切成粗丝待用。将鸡蛋逐只磕入碗内，加面粉、湿淀粉拌匀，调成糊待用。把芝麻仁洗净晾干后炒熟待用。炒锅内下入花生油，烧至五成热时，把沾了一层面糊的香蕉块入锅内炸至金黄色捞出，控净油待用。在炒锅内留底油少许，放入白糖，把糖炒至黄色时，投入炸好的香蕉片，迅速翻炒几下，使白糖全部裹在香蕉片上，再撒上熟芝麻仁，颠翻几下，盛入抹好油的平盘内，撒上玫瑰花丝即可。

功效：健脾胃，通肠道。

7. 玫瑰绿豆糕

主料：玫瑰花屑 1 克，绿豆粉 400 克。

调料：白糖 400 克，豆沙 100 克，面粉 50 克，香油 250 克。

制法：将绿豆粉、面粉、白糖放入大盆中，加入香油 200 克，拌成糕粉待用。把玫瑰花屑撒些在模具中，将糕粉放到一半时，再加入豆沙，用糕粉盖满压实，倒出糕胚待用。将糕胚连铁皮盘放入蒸笼内，隔水蒸 15 分钟，待糕质发松不粘手时，取出，待糕冷却后，把剩下的香油逐盘滴在糕面上即可。

功效：清热解毒，利水清暑。

（四十一）槐花

槐花，又名槐米、金药树、豆槐、护房树、白槐、槐蕊、细叶槐，属豆科植物，落叶乔木。全国各地都有分布。槐花作为一种森林蔬菜，可制点心、饮料以及炒食或蒸食。食用槐花并非始于今日。古时，人们时常采槐树的嫩叶，焯熟后用冷水浸泡淘洗除涩，再拌以姜、葱等调味品，当菜食用，味道也很好。古诗中也有食用槐叶的佳篇。如杜甫的"青青高槐叶，采掇付中厨"。

【营养成分及作用】槐花营养丰富。每百克的鲜品中，富含水分 78 克，蛋白质 3.1 克，脂肪 0.7 克，

碳水化合物 15 克，钙 8.3 毫克，磷 69 克，铁 3.6 毫克，胡萝卜素 0.04 毫克，维生素 B_1 0.04 毫克，维生素 B_2 0.18 毫克，烟酸 6.6 毫克，维生素 C 66 毫克。槐花性味甘、凉，具有凉血止血、清肝降火的功效。花内含有芦丁能增加毛细血管的韧性。主治便血、痔血、尿血、血淋、崩漏、衄血、赤白痢、目赤、疮毒。脾胃虚寒者忌食。

【菜谱】

1. 凉拌槐花

主料：鲜嫩槐花 500 克。

调料：蒜泥 30 克，白糖、精盐、味精、陈醋、香油各适量。

制法：将槐花洗净，放入沸水锅内焯熟透，捞出，用冷水冲洗一下，晾干待用。把槐花放在盘子内，撒上蒜泥、白糖、精盐、味精、陈醋，淋上香油，食用时拌匀即可。

功效：清热止血，降血压。

2. 槐花酥炸大虾

主料：鲜嫩槐花 160 克，大虾肉 500 克，鸡蛋 4 只。

调料：精盐、白糖、料酒、味精、猪油、葱、姜、胡椒粉、椒盐、面粉、面肥各适量。

制法：先把大虾放入刚煮沸的水中烫一下，剥去外壳，用刀从中间切成两片，用清水洗净，沥干水。取葱洗净后切成段，姜去外皮切成片，鸡蛋去黄留清待用。将鲜嫩槐花洗净，取白纱布包住挤干水，放入盆内加入少许精盐、味精、料酒腌上，让其入味待用。把面粉、面肥、鸡蛋清、盐水调匀，加入适量猪油，调成蛋清糊待用。将片好的虾肉片用精盐、料酒、少许白糖、味精、胡椒粉、葱段、姜片拌匀腌上待用。炒锅放入猪油约 150 克，待油烧至三四成热时，把腌入味的虾裹上蛋清糊，炸至糊透虾熟，外面呈金黄色时捞出，控干油，放入盘内。将鲜槐花裹上蛋清糊，放入油锅内炸熟，捞出，沥干油，整齐地围在虾的周围即可。

功效：补肾壮阳，健胃化痰，清肝凉血。适于治疗肾虚阳痿、腰膝酸软、头晕目眩、性功能减退等病症。

3. 槐花猪肚汤

主料：槐花 30 克，猪肚 1 个，木耳 15 朵。

调料：精盐、味精各适量。

制法：先把猪肚用精盐擦过，使其除去黏液，用水洗净，切成小块。木耳用温开水浸软，择去蒂洗净沥干水。将槐花洗净，加 4 杯清水煮沸并熬至 2 杯，去渣留汁待用。先把 12 杯清水、猪肚放入煲内，用武火煮沸，加入木耳和槐花汁，继续煮至猪肚熟透，加精盐、味精调味即可。

功效：凉血止血。

4. 槐花玉米发糕

主料：玉米面 1 000 克，鲜嫩槐花 100 克，鲜茅根 30 克，玄参 20 克。

调料：白糖适量。

制法：将茅根、玄参分别洗净，放入砂锅内，加适量水，置于火上煎煮，提取药液 2 次，混合在一起使用。把玉米面放入大碗中，用药液和匀，加入白糖和洗净的槐花，拌匀后，上蒸笼蒸熟，取出即可食用。

功效：补中健胃，凉血化斑。适合用于治疗皮肤发斑、大便干结、小便色黄等病症。

5. 槐花炒鸡蛋

主料：鲜槐花 250 克，鸡蛋 3 个。

调料：精盐 4 克，味精 3 克，葱花 10 克，植物油 50 克，青豆 10 粒。

制法：槐花洗净，放入开水锅中焯一下。鸡蛋打入大碗内，放入精盐 4 克，味精搅散，把槐花沥净水后放入搅匀。炒锅上火，放油烧热，放入葱花炸香，倒入槐花蛋液，炒至熟且成块状后，出锅装盘，撒上青豆即可。

功效：补气凉血。

6. 鱼香槐花

主料：嫩槐花 200 克，面粉 20 克。

调料：干淀粉 50 克，泡辣椒 10 克，辣豆瓣酱 20 克，生姜末 5 克，酱油 20 克，米醋 10 克，白糖 15 克，植物油 500 克（实耗约 50 克），黄酒 10 克，味精适量。

制法：槐花洗净沥干水分，摘成碎花瓣，面粉加入淀粉调成糊，泡辣椒和辣豆瓣酱切碎。取 1 个小碗，放入酱油、米醋、黄酒、白糖、味精、湿淀粉调成鱼香汁。炒锅上火，放油烧至六成热，将槐花放在糊中拌匀，撒入锅中，炸至金黄酥脆时捞出沥油。锅中留底油，下泡辣椒、生姜末煸香，放入辣豆瓣酱，炒出红油，倒入兑好的鱼香汁炒熟，放入炸好的槐花翻几下，淋上红油翻匀装盘即可。

功效：清热凉血，软化血管。

7. 红油槐花

主料：鲜槐花 500 克。

调料：精盐 5 克，味精 4 克，辣椒油 15 克，麻油 5 克，醋 25 克，花椒油 10 克。

制法：槐花洗净，入开水中焯透至熟，捞出投入凉水中，凉后捞出并沥净水，入盆内，调入精盐、味精、辣椒油、花椒油、醋、麻油，拌匀即可。

功效：清热开胃，凉血止血。

(四十二) 荷花 ◇

荷花又称莲花，是水生草本植物，原产于印度，引入我国后，全国很多地区都有种植，大多种植在浅水池塘中。荷花无论是爆、炝、熘、炖、炒、炸、烧，匀不改其固有香味。

【营养成分及作用】荷花含有丰富的氨基酸，其中人体必需的 8 种氨基酸含量高于一般蔬菜。另外，荷花中的芳香成分含量丰富，是其他蔬菜所不能比拟的。荷花性平，味甘，无毒，具有活血止血、去湿消风、养心益肾、清心祛火、补脾涩肠、解暑除烦、生津止渴、和血安胎、消瘀止痛等功效。

【菜谱】

1. 荷花炒青椒

主料：荷花瓣 20 个，青辣椒 200 克。

调料：酱油、白糖、精盐、湿淀粉、素鲜汤各适量。

制法：荷花瓣洗净切成片，青辣椒切成块。取 1 个碗，放入酱油、白糖、精盐、湿淀粉、素鲜汤，兑成调味汁。炒锅上火，放油烧至七成热，下青辣椒炸出香味，烹入调味汁，汁浓后放荷花片炒匀，起锅装盘即成。

功效：活血散瘀，去湿消风。

2. 荷花豆腐

主料：鲜荷花瓣 10 片，豆腐 150 克，水发香菇 15 克，黄瓜片 50 克。

调料：黄酒 35 克，素鲜汤 250 克，葱花 15 克，生姜末 5 克，淀粉 15 克，味精 2 克，精盐、胡椒粉各适量。

制法：豆腐用开水焯一下，捞出，切成 3 厘米宽、8 厘米长、5 毫米厚的片。鲜荷花洗净，与水发香菇、黄瓜分别切成 8 厘米长的火柴棍粗的丝。将豆腐片摆在大汤盅里，把荷花丝、香菇丝、黄瓜丝，调好颜色，摆在豆腐片的一半的周围，再将另一半豆腐折回来盖住，加入黄酒、盐水、素鲜汤，上笼蒸透，倒出余汤，放入大盘中。炒锅上火，下葱花、生姜末煸香，加入素鲜汤，用火烧开，放入黄酒、精盐、味精，再用湿淀粉勾稀芡，撒上余下的荷花丝，烧开浇在豆腐上即成。

功效：生津止渴，补气健脾。

3. 炸荷花

主料：白荷花瓣 12 片，豆沙馅 160 克，鸡蛋清 2 个，面粉 50 克。

调料：糖桂花 10 克，植物油 750 克（实耗约 50 克）。

制法：荷花瓣洗净，白布沾干水分，切去荷花梗部，切成两片。豆沙馅分成 24 份，每片荷花上放一份馅心，对叠包好。面粉放碗内，放入鸡蛋清搅拌成糊。炒锅烧热，放油烧至五成热，改用小火，将包叠好的荷花片放入面粉糊内挂满糊，用筷子挟入油锅中炸至浮起捞出，分 3 次炸，每次可炸 8 片。全部炸好后改用中火，待油温烧至六成热，再将炸好的荷花片投入重炸一下，边炸边用手勺拨动，炸见荷花片呈浅黄色时捞出，撒上糖桂花即成。

功效：清暑解热，升清降浊，养心安神。

4. 莲肉荷花脯

主料：鲜荷花 20 瓣，水发莲子 400 克，苹果肉 50 克，枣肉 50 克，荸荠肉 10 克，蒸好的糯米 100 克，鲜莲蓬 1 个。

调料：白糖 150 克，蜂蜜 20 克，湿淀粉 20 克，菜汁 10 克。

制法：苹果肉、荷花瓣、荸荠切成小丁，放入大碗中，再加入枣肉、糯米、蜂蜜、50 克白糖，拌匀做成馅。莲子去心，放入大碗内，加开水入笼蒸烂，取出抹成莲茸泥，再加湿淀粉做面团状，分别包馅做成 1 个莲蓬形、1 个荷花瓣形、10 个扁鸡蛋形果脯，放进大盘，上笼用沸水旺火蒸 10 分钟。取 10 个鲜荷花瓣，用剪刀剪去瓣两头尖端，成椭圆形花瓣形，摆在大盘周围，花瓣内放入蒸好的果脯。炒锅上火，加入清水、白糖，汁浓时浇在成品上即成。

功效：养心滋阴，补脾止泻。

5. 荷花白嫩鸡

主料：鲜荷花瓣 12 片，去骨、去爪母鸡 1 只（约重 1 000 克），净猪肉 200 克（四成肥六成瘦），熟火腿末 25 克，虾仁 50 克，鸡蛋 1 只。

调料：鲜汤 200 克，精制植物油 750 克（耗约 50 克），精盐、味精、干淀粉、黄酒、生姜片、香葱、麻油各适量。

制法：在鸡肉上撒精盐、味精，用鸡肉折起互相揉擦。将猪肉斩蓉放碗内，加精盐、味精，搅拌均匀后铺在鸡片上，用刀先横后竖轻轻拍剁（不能破皮）。取鸡蛋清放碗内，加干淀粉搅成蛋糊，均匀地涂在肉面上。炒锅上火，放油烧至六成热，放入鸡肉，炸至蛋糊发白时取出，装在盆内，加鲜汤、精盐、味精、生姜片、葱段，上笼蒸。将荷花瓣用水洗净沥干水分，撒上干淀粉。将虾仁斩蓉放碗内，加鸡蛋清、精盐、味精调和均匀，涂在花瓣上面，再点上火腿末，放在热油锅内略炸，用漏勺轻轻捞起。将鸡从蒸笼里取出，滗下原汁，去姜葱，扣入盘中，再将花瓣围于蒸鸡一周。炒锅上火，放蒸鸡原汁烧沸，加入黄酒，用湿淀粉勾芡，淋上麻油，浇在鸡上即成。

功效：养心益肾，补虚养容。

6. 荷花金鱼虾

主料：荷花瓣 10 片，对虾 10 只（约重 750 克），净鱼肉 200 克，肥猪肉 25 克，樱桃 5 粒，鲜莲子 10 粒，鸡蛋清 30 克，蛋皮 5 克。

调料：鲜汤 300 克，菜汁、葱姜汁、黄酒各 10 克，湿淀粉 50 克，味精、精盐各适量。

制法：先将对虾剥皮留尾，从背部片成合页刀形，在虾肉上面刻花刀。黄酒、鱼肉、葱姜汁、精盐搅成糊状，抹在虾肉上做成金鱼形。荷花切成鱼鳞形，贴"金鱼"身上。鸡蛋清、樱桃做鱼眼。余料（鱼肉、肥猪肉剁成的肉泥）分别做成荷花瓣、莲蓬，入蒸笼蒸 10 分钟取出。将荷花瓣摆在大盘中央，蛋皮切细丝做莲须，摆在花瓣上，再放上莲蓬，金鱼摆在荷花莲蓬外。锅上火，加入鲜汤，开后下芡粉、菜汁、黄酒、味精、精盐，起锅浇在大盘里即成。

功效：滋阴补肾，醒脾开胃，健脑提神。

（四十三）栀子花 ◆

栀子花，又名山栀花、雀舌花、林兰、木丹、白蟾花、黄栀子、黄枝等。为茜草科常绿芳香植物栀子的花。栀子花可入肴做菜、做汤、煮粥。栀子花枝繁叶茂，翠绿光亮，花色洁白，香气浓郁。为美化庭院的优良树种，可撒点墙隅、阶前路边，孤植、群种均可。也可盆栽、制作盆景或做花材料。

【营养成分及作用】栀子花的花、根、叶、果皆可入药。花、叶苦，性寒，无毒。能清热泻火、解毒消炎，凉血清肺，可用于治疗肺热咳嗽、鼻中出血、尿淋血淋、胃脘疼痛、跌打损伤、湿热黄疸、疮疡肿痛、水火烫伤、赤白痢疾等病症。栀子花含有黄酮成分栀子素，水解后产生番红花甙。此外，还含有熊果酸、鞣质、藏红花酸、栀子甙、栀子次甙。栀子花对溶血性链球菌及某些皮肤真菌有抑制作用。能抑制体温中枢，有退热作用。能增加胆汁分泌，有利胆作用。并能降低血中胆红素。其煎剂及醇提取物质有降低血压的作用。

【菜谱】

1. 栀子花鲍鱼

主料：栀子花 4 朵（切片），水发鲍鱼 300 克（切丁），香菜末 5 克，水发香菇 50 克（切丁），熟鸡蛋 1 个（切丁），火腿 25 克，莲子、杏仁、花生米各 10 克，冬笋 20 克（切丁）。

调料：草莓酱、精制植物油各 100 克，辣椒粉、精盐、鲜汤各适量。

制法：炒锅洗净置于旺火上，放油烧至五成热时，放鲍鱼煸炒半熟，放入莲子、杏仁、花生米、水发香菇、鸡蛋、火腿、冬笋，翻炒均匀，放入草莓酱、鲜汤、精盐、辣椒粉，焖熟后撒上栀子花片，略焖，出锅装盘，撒上香菜末即可。

功效：补气养血，滋阴生津。

2. 栀子花烩豌豆

主料：栀子花 4 朵，豌豆 200 克，鸡蛋 3 个。

调料：素鲜汤 250 克，湿淀粉 15 克，麻油 5 克，植物油、精盐、味精各适量。

制法：将栀子花瓣切小片。鸡蛋打入碗内，加精盐、味精及适量素鲜汤，搅匀。炒锅上火，放油烧热，下鸡蛋液炒成碎茸，放入素鲜汤、鲜豌豆、精盐、味精烧熟，用湿淀粉勾浓芡，撒上栀子花片，淋上麻油，出锅即成。

功效：清热健脾。

3. 栀子花鲤鱼

主料：栀子花 5 朵，净鲜鲤鱼 1 条（重约 500 克）。

调料：香菜末、荸荠片、黄酒各 50 克，精制植物油 500 克（实耗约 50 克），葱花、生姜末各 15 克，鲜汤、精盐、味精、胡椒粉、麻油各适量。

制法：锅内加清水烧沸，放入鲤鱼焯一下，捞出放入凉水中，将鱼皮去掉。炒锅放油烧至五成热，将鲤鱼整条过一下油，捞出控油，余油倒出。炒锅上火，放油烧热，下葱花、生姜末煸香，加入荸荠片炒匀，放入鲜汤、黄酒、精盐、味精、胡椒粉烧开，放入炸好的鲤鱼，烧开后放入香菜末，稍煮后倒入放有栀子花瓣的盆中，淋上麻油即可。

功效：清热解毒，健脾利尿。

4. 栀子花鱼肚

主料：栀子花 8 朵（切末），水发鱼肚 200 克（切块后用水焯一下），玉兰片 50 克。

调料：黄酒、珍珠笋、生姜片各 15 克，鸡蛋清

150 克，鲜汤、精盐、味精、白糖、湿淀粉、麻油、精制植物油、干淀粉、葱段等调料各适量。

制法：先将栀子花末放入碗内，加黄酒、清水、味精、白糖、湿淀粉搅拌均匀。另取碗一只，打入鸡蛋清，用筷打散，倒入盛有栀子花蓉的碗内，边倒边搅，再加入干淀粉拌匀。炒锅置于火上，放入油烧热，下葱段、生姜片煸香，去掉葱姜，加入鲜汤、鱼肚、黄酒、精盐、味精，烧透后放入玉兰片，用湿淀粉勾芡，推匀，慢慢倒入栀子花蓉，边倒边用手勺推炒，至栀子花蓉裹满鱼肚和珍珠笋，淋上麻油少许即可。

功效：滋阴生津。

5. 栀子花童子鸡

主料：栀子花 6 朵，去杂小鸡 1 只（重约 300克）。

调料：香菇片、冬笋片、酱油、味精、黄酒、生姜片、葱白、白糖、湿淀粉各适量。

制法：先将栀子花切成细末，放入碗内，加入清水、黄酒、味精、湿淀粉搅拌均匀，撒上白糖，溶化后待用。用酱油、黄酒、生姜片、葱白、白糖调和后，将鸡放入调味汁中浸渍 1 小时。然后置于大碗中，加冬笋片、香菇片，上笼蒸约 15 分钟，取出浇上栀子花蓉，上笼再蒸 1 分钟即成。

功效：补虚强身，益精添髓，美容养颜。

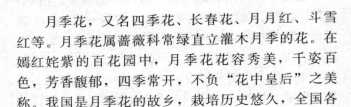

（四十四）月季花 ◆

月季花，又名四季花、长春花、月月红、斗雪红等。月季花属蔷薇科常绿直立灌木月季的花。在嫣红姹紫的百花园中，月季花花容秀美，千姿百色，芳香馥郁，四季常开，不负"花中皇后"之美称。我国是月季花的故乡，栽培历史悠久，全国各地均有种植。

【营养成分及作用】 月季花富含芳香挥发油。其成分与玫瑰花相似，此外还含有槲皮甙、鞣质、没食子酸、色素等。月季花性温，味甘，无毒。有活血调经，祛瘀止痛，消肿解毒之功。常用于瘀血肿痛，月经不调，跌打损伤，痈疽肿毒等病症。孕妇及月经过多者慎用。月季花具有镇痛作用，可改善微循环，增加血流量，增加结缔组织的代谢，降低血小板凝集。

【菜谱】

1. 月季花肉丝

主料：鲜月季花 2 朵（摘瓣洗净），鲜嫩蚕豆 500 克，熟肉丝 35 克。

调料：精盐、味精、黄酒、白糖、胡椒粉、湿淀粉、猪油、鲜汤、葱段、生姜块各适量。

制法：炒锅烧热放入猪油，七成热时，放入蚕豆炒熟透时倒入漏勺内沥油。锅内留底油，待油烧热时放入葱、生姜块炒熟，倒入鲜汤。汤烧沸时把葱、生姜块捞出不用，下入蚕豆瓣、熟肉丝，加精盐、黄酒、味精、胡椒粉、白糖，用湿淀粉勾稀芡，淋上热油，将月季花瓣撒在蚕豆上，盛装盘内即成。

功效：健脾补虚，调经活血。

2. 月季花焖猪肺

主料：月季花 3 朵，猪肺 500 克，胡萝卜块、洋葱块、芹菜段各 25 克。

调料：黄酒、番茄酱各 25 克，猪油 75 克，辣酱油 15 克，陈皮 1 块，精盐、胡椒粉各适量。

制法：猪肺洗净，放开水锅里煮几分钟，去血沫洗净。炒锅上火，放油烧热，将猪肺煎至金黄，再将胡萝卜块、洋葱块、芹菜段、陈皮一同放入焖锅。把番茄酱加黄酒调匀，与辣酱油一起放入焖锅，将猪肺焖至九成熟，放入两朵月季花瓣片，焖入味至熟，取出切片，装盘。原汤过滤放入炒锅，再放精盐、胡椒粉及余下的月季花瓣片，烧开煨浓，浇在猪肺片上即成。

功效：清肺滋阴，活血调经，解毒消肿。

3. 月季花烩蛇丝

主料：月季花 3 朵，净蛇肉 500 克，玉兰片 25 克，鸡蛋 1 枚。

调料：鲜汤、黄酒、精盐、淀粉、胡椒粉、植物油各适量。

制法：先将净蛇肉洗净，控干，切成 6 厘米长的丝，入盆中，加鸡蛋清、淀粉、1 朵月季花的花瓣、精盐、胡椒粉，腌渍片刻。炒锅上火，放油烧至六成热，放入蛇肉丝，炒至淡黄色，捞出沥油。炒锅倒出余油，放入鲜汤、黄酒、精盐、胡椒粉、玉兰片，烧开后放入蛇肉丝，煮 3 分钟，加湿淀粉勾芡，撒入余下的月季花瓣，煮开即成。

功效：清热解毒，活血补虚。

4. 月季花煮鲫鱼

主料：月季花 10 克，鲫鱼 1 条（约重 500 克），砂仁末 1 克。

调料：葱花、生姜末、精盐、味精各适量。

制法：先将鲫鱼开膛剖腹，去鳞、鳃及内脏，洗干净。月季花洗净，阴干研成粉末，与砂仁、各种调料拌匀，一同放入鱼腹中，入锅，加入清水适量，煮熟后即可。

功效：健脾利水，活血调经。

5. 月季花烩海蜇

主料：月季花 3 朵，水发银耳、面粉各 50 克，水发海米 5 克，牛奶 500 克，海蜇皮 250 克，香菜末 15 克。

调料：鲜汤 250 克，精制植物油 25 克，精盐适量。

制法：海蜇皮洗净，下沸水锅，小火煮软酥捞出，放清水中漂洗。炒锅上火，放油烧热，撒入面粉炒匀，待其呈微黄色，冲入 250 克煮沸的牛奶，用力急搅拌成洁白光亮的稠糊状，再倒入余下的牛奶和鲜汤烧开，加入精盐调，过滤后即成奶油汤。另锅放入奶油汤、水发海米、海蜇皮、银耳片、月季花瓣，入味后出锅装入汤盘，撒上香菜末即成。

功效：滋阴凉血，活血消肿。

6. 月季花煨玉米笋

主料：月季花 3 朵，黄瓜条 100 克，罐头玉米笋 300 克。

调料：大葱 3 段，生姜 2 片，精盐 7 克，麻油 10 克，味精 3 克，黄酒、花椒水各 15 克，鲜汤 300 毫升。

制法：将黄瓜条、玉米笋分别放入开水中稍烫，捞出控干。炒锅放油烧热，下葱段、生姜片煸香，放入鲜汤、精盐、黄酒、花椒水、味精及烫好的玉米笋，旺火烧开，去浮沫，盖上盖，再改小火煨10分钟，将葱段、生姜片捞出，再放入黄瓜条、月季花瓣，煨片刻，视汤快干时淋上麻油，出锅盛盘即可。

功效：补虚开胃，活血调经。

7. 月季花豆腐

主料：月季花2朵（摘瓣切碎），豆腐500克，熟咸鸭蛋1枚，黄瓜丁25克。

调料：咖喱粉5克，精制植物油、芥末汁各50克，白醋2克，精盐适量。

制法：熟咸鸭蛋去壳，切成丁，蛋黄与豆腐捣成泥，搅拌均匀。芥末汁用滚开水调稀，加上白醋拌匀。炒锅上火，放油烧五成热，放入咖喱粉煸炒出香味，放入搅匀的蛋黄豆腐泥、咸蛋白丁、黄瓜丁、芥末白醋汁、精盐、月季花碎末，炒匀出锅，装盘即成。

功效：健脾益气，活血调经。

（四十五）玉兰花

玉兰花为木兰科木兰属落叶乔木玉兰的花，有白玉兰和紫玉兰两个品种。白玉兰，又名迎春花、应春花、玉堂春等；紫玉兰，又名辛夷、木笔、侯桃、迎春。玉兰对二氧化碳、氯气和氟化氢等有毒气体抗性较强，并有一定的吸收能力，故可作为矿区的绿化树种。其花蕾和树皮可入药，花可提制浸膏化妆品香精，花瓣可糖浸或油煎。

【营养成分及作用】玉兰花含挥发油，其中主要为柠檬醛、丁香油酚、1，8-二桉叶素，还含有木兰花碱、癸酸、油酸、维生素 A、生物碱、芦丁等成分。玉兰花对常见皮肤真菌有抑制作用。挥发油有镇痛、镇静作用，并能收缩鼻黏膜血管。非挥发性成分的提取物静脉注射或口服均有收缩子宫及降血压作用，对白色念珠菌有抑制作用。玉兰花，味辛，气温，无毒。具有散风祛寒，宣肺通鼻的功效。可用于外感风寒，头痛鼻塞，以及急慢性鼻窦炎、过敏性鼻炎等病症。

【菜谱】

1. 玉兰花爆肉丝

主料：鲜玉兰花 5 朵（洗净切丝），猪里脊肉 250 克（切丝）。

调料：精制植物油、精盐、黄酒、味精、胡椒粉、鸡蛋清、湿淀粉、鲜汤、葱丝、生姜丝各适量。

制法：将猪里脊肉丝放入碗内，加精盐、味精、黄酒、鸡蛋清、湿淀粉拌匀上浆。将鲜汤、味精、精盐、黄酒、胡椒粉、湿淀粉放碗内调成芡汁。炒锅上火，放油烧至四成热，下入肉丝滑透，捞出沥油。锅内留底油，投入葱、生姜丝，煸炒熟后放入肉丝，兑好芡汁，翻炒均匀，淋上热油，盛装盘内，撒上玉兰花丝即成。

功效：滋阴润燥，补肾养胃，散寒宣肺。

2. 玉兰花炖猪脑

主料：玉兰花 10 克，猪脑 2 个。

调料：川芎、白芷、麻油各 5 克，生姜 1 克，精盐、味精各适量。

制法：先将猪脑剔去红筋，清水洗净备用。把玉兰花、川芎、白芷去杂洗净，放入纱布袋里扎紧。将生姜去皮洗干净切成片。煮锅洗净，猪脑和布袋一同入锅，加入清水，盖上锅盖，置于旺火上煮沸后改用小火炖 1 小时左右，去布袋，加入麻油、精盐、味精调味即成。

功效：通窍补脑，祛风止痛，适用于感冒引起的鼻塞，头痛，以及神经衰弱，记忆力减退者。

3. 玉兰花熘鸡片

主料：玉兰花 8 朵，鸡脯肉 250 克。

调料：精制植物油、精盐、味精、黄酒、鲜汤、生姜末、葱花、湿淀粉、鸡蛋清、胡椒粉各适量。

制法：把鸡脯肉去筋切成薄片放碗内，加少许精盐、黄酒、鸡蛋清、湿淀粉，拌匀上浆。将鲜汤、味精、精盐、黄酒、胡椒粉、湿淀粉放碗内兑成芡汁。炒锅烧热，放油烧至四成热，下鸡片滑透，捞出沥油。锅内留底油，投入葱花、生姜末，煸炒熟后，倒进鸡片、玉兰花瓣、兑好的芡汁，翻炒几下装入盘内即成。

功效：补气益血，补精益髓，宣肺通鼻。气血亏损、精髓不足者可常食；鼻炎、鼻窦炎患者可作药膳食疗方。

4. 玉兰花虾塔

主料：玉兰花 5 朵（三朵洗净取汁，一朵切丝，一朵留用），鲜虾仁 500 克，去皮猪膘肉 200 克。

调料：生姜末、精盐、黄酒、味精、麻油、鸡蛋清、湿淀粉、番茄酱、花椒盐、白菜、熟火腿、面粉、白糖、醋各适量。

制法：鲜虾仁肉和 100 克猪膘肉用刀背斩成细蓉，放入盆内，用玉兰花汁调开，加入精盐、黄酒、味精、鸡蛋清、湿淀粉、生姜末，用筷子顺一个方向搅成虾糊。将剩下猪肥膘肉放入锅煮熟，捞出晾凉，切成厚 2 毫米的圆形片，上面扎一些小孔。把鸡蛋清、湿淀粉和面粉调成蛋清糊。肥膘肉片放在案板上，擦干水，抹上蛋清糊，抹光滑；虾糊挤成圆球放在肥膘托上，火腿末和玉兰花丝在顶上摆成五角星形。炒锅，放麻油，虾塔逐个下锅煎至底黄球熟时捞出，整齐地摆成金字塔形。将留用的玉兰花洗净放至盘的另一端。白菜切成丝，加入番茄酱、白糖、醋调拌，围在炸好的虾塔周围，放椒盐一同上桌。

功效：温中益气，补肾壮阳，开胃化痰。

5. 香脆玉兰花片

主料：鲜玉兰花瓣 30 克。

调料：面粉、白糖、鸡蛋清、精制植物油各适量。

制法：将面粉、白糖、鸡蛋清调成糊，涂于玉兰花瓣上。炒锅上火，放油烧至五成热，放入挂好糊的玉兰花瓣，炸透即可。

功效：理气补益，宣肺通窍。

6. 玉兰花黑鱼汤

主料：玉兰花 3 朵（切丝），鲜黑鱼 1 条（约500 克）。

调料：精盐、精制植物油、料酒、味精、白胡椒粉、姜丝、葱丝、鸡油、鸡汤各适量。

制法：将黑鱼在沸水中烧沸捞出，轻轻将鱼皮去掉。炒锅洗净，置于旺火上，放油烧热，放入葱、姜丝，煸炒透，将黑鱼煎一下，加入鸡汤、料酒、精盐、味精、白胡椒粉。烧沸后捞出葱、姜丝，撇去浮沫，连汤带鱼倒入大汤碗内，撒上玉兰花细丝，淋上鸡油即可。

功效：养阴利水。适用于脾虚所致的水肿、小便不利。

7. 玉兰花鱼球

主料：玉兰花 15 朵（部分切丝），青鱼肉 200 克，鸡蛋 5 个。

调料：精盐、味精、黄酒、葱花、生姜末、精制植物油、麻油各适量。

制法：先将青鱼肉洗净切碎，与玉兰花丝、黄酒、葱花、生姜末一起拌匀，制成鱼肉泥。取鸡蛋清调匀，并加少许麻油、味精、精盐。将鱼肉泥制成小球状，放入鸡蛋清中蘸均匀，装盘。另取玉兰花瓣数片，围绕盘子四周，上笼蒸熟即可。

功效：滋阴健脾，祛风宣肺。适用于鼻炎、鼻塞等症。

（四十六）芍药花

芍药花，又名将离、犁食、婪尾春、没骨花、殿春花。白者为金芍药、赤者为木芍药。为毛茛科多年生粗壮草本植物芍药的花。芍药花食用，可与荤素原料配伍，熬粥、做汤，还可以泡茶喝，色香味俱佳。

【营养成分及作用】芍药花含黄芪甙、册柰酚、3，7-二葡萄糖甙、多量没食子酸、鞣质、1,3-二甲基十四烷酸、谷甾醇、二十五碳烷、挥发油、除虫菊素等。芍药根入药，有赤芍药和白芍药之分。赤芍，味苦，性寒。具有清热凉血，祛瘀止痛等功能。用于温热病，热入营血，身热、发斑疹，及血热所致吐血、衄血等病症。还可治疗血滞经闭、痛经及跌打损伤瘀血肿痛，以及痈肿、目赤肿痛等病症。白芍，味苦酸，性微寒。具有养血敛阴，柔肝止痛，平抑肝阳等功能。用于治疗月经不调、经行腹痛、崩漏、自汗、盗汗和肝气不和引起的胁肋脘腹疼痛，或四肢拘挛作痛，以及肝阳上亢引起的头痛、眩晕等病症。

【菜谱】

1. 芍药五花肉

主料：芍药花 4 朵，猪五花肉 300 克，胡萝卜、黄瓜各 30 克。

调料：酱油 20 克，黄酒、白糖各 15 克，醋 10 克，番茄酱 25 克，味精 2 克，精盐、湿淀粉、胡椒粉各适量。

制法：先将芍药用温开水稍烫一下。胡萝卜、黄瓜洗净切成丁。五花猪肉洗净，切成 4 厘米见方的肉块，放入碗中，加入精盐、味精、白糖、黄酒、酱油、醋搅拌均匀，再放入少量清水，上笼用旺火蒸 2 小时，使五花肉烂而不碎。把蒸肉汤汁倒出，放入炒锅中，上火烧开，放精盐烧半分钟，加入胡萝卜丁、黄瓜丁、番茄酱、白糖炒匀，放入五花肉块，撒上芍药花瓣，用湿淀粉勾芡，撒上胡椒粉，出锅装盘即可。

功效：养血柔肝，缓中止痛，敛阴止汗。适用胸胁疼痛、泻痢腹痛、阴虚发热、自汗盗汗、月经不调、头晕头痛等病症。

2. 芍药芹菜肚丝

主料：芍药花 4 朵（切丝），芹菜 250 克，熟猪肚 150 克。

调料：鲜汤 250 克，鸡蛋 1 个，白糖 25 克，黄酒、生姜各 10 克，葱花 15 克，味精 2 克，精盐、胡椒粉、淀粉、精制植物油各适量。

制法：芹菜洗干净，切成段，下沸水锅焯一下，捞出待用。熟猪肚用开水焯一下，切细丝，加入鸡蛋清、淀粉、精盐，搅拌均匀上浆。炒锅上火，放油烧至七成热，下猪肚丝滑一下，散开后捞出，炒锅留少许底油烧热，下葱花、生姜末煸香，倒入猪肚丝、芹菜，翻炒片刻，放入黄酒、精盐、白糖、鲜汤、胡椒粉，调好，炒匀，用湿淀粉勾芡，撒上芍药花丝即成。

功效：平肝理气，健脾益气。

3. 芍药花烧兔肉

主料：鲜芍药花 4 朵，兔脯肉 150 克，鸡蛋 6 个。

调料：鲜汤 150 克，白糖 15 克，生姜 5 克，麻油 50 克，洋葱丝、湿淀粉、精盐、味精、水豆粉各适量。

制法：先将兔脯肉切片剁蓉，加少许鲜汤和 4 个鸡蛋搅拌均匀。另将麻油、味精、精盐和 2 个鸡蛋的蛋清，用力抽打起泡后，再加入和好的兔脯片蓉，搅拌均匀。炒锅上火，放入清水烧开，将和好的兔脯片蓉用手勺逐片舀入炒锅内，待变白煮熟即捞出，沥干。净锅烧热下麻油，放洋葱丝、生姜丝煸炒出香味，加精盐、白糖、味精、芍药花瓣和焯好的兔脯片蓉，烧透，用湿淀粉勾芡，淋上麻油，舀入汤盘即可。

功效：缓中止痛，益气补虚。

4. 芍药花拌鸡丝

主料：白芍药花 4 朵，净鸡肉 500 克，鲜嫩黄瓜 2 条。

调料：辣椒油、酱油各 10 克，白醋 5 克，黄酒 50 克，碎芝麻、葱花、生姜末各 15 克，麻油 25 克，白糖 30 克，精盐、味精各适量。

制法：鸡肉洗净，放入清水锅中旺火烧开，转用小火煮 20 分钟，捞出晾凉，放入电冰箱中 2 小时，将肉冻紧。再把鸡肉取出，稍等片刻，顺肉丝纹理切成长条。再将黄瓜洗净，消毒，去瓜瓤，切成丝。碎芝麻加麻油拌成糊，加入黄酒、白糖、白醋、酱油、精盐、味精，搅匀后倒在装有葱花、生姜末的碗中，加入辣椒油拌匀，勾兑成调味汁。将切好的黄瓜条码放在盘底，放上鸡丝，浇上调味汁，上面撒上焯过的芍药花瓣即成。

功效：利气通气，养肝补气。

5. 芍药干贝

主料：芍药花 3 朵，干贝 200 克，鸡腿 1 只，生鸡蛋 4 个（去黄），熟鸡蛋 6 个（去黄），熟鸡脯肉、水发海参、虾仁、洋葱各 25 克，火腿丁、玉兰片丁各 15 克。

调料：生姜 15 克，黄酒 35 克，味精 2 克，鲜汤

250 克，精盐、胡椒粉、湿淀粉、麻油、葡萄酒各适量。

制法：把干贝略冲洗一下，加入黄酒、鲜汤、洋葱片、生姜块、鸡腿，上笼蒸 40 分钟，取出后去鸡腿和葱姜。把蛋清搅打成蛋泡糊，拌入干淀粉，待用。再把熟鸡脯肉、海参、虾仁切成碎末，下锅稍炒，填入去黄的熟鸡蛋内，上抹蛋糊用刀刮光，上笼蒸几分钟取出，即成彩凤蛋，摆在盘的四周。用鲜汤、黄酒、湿淀粉调成芡汁浇在蛋上。炒锅烧热，放油烧五成热，下入洋葱末、生姜末，倒入火腿、玉兰片、干贝，加葡萄酒、鲜汤、芍药花、精盐、麻油、胡椒粉，烧开，加湿淀粉勾薄芡，淋上麻油，出锅，放在彩凤蛋盘的中间即成。

功效：养血柔肝。适用于血虚、肝阴虚证。

6. 芍药笋泥

主料：芍药花 5 朵，鲜冬笋尖 300 克，菠菜 200 克，鸡蛋 6 个，火腿粒 25 克。

调料：鲜汤 250 克，猪油、湿淀粉各 50 克，精盐、味精各适量。

制法：先将冬笋尖洗干净，用搅拌器搅成蓉状，挤出部分水分，放入炒锅中，加猪油炒去涩味。鸡蛋清打散加鲜汤、猪油、精盐、味精、湿淀粉、冬笋蓉搅拌均匀成流汁状。芍药花去蒂，洗净切小条，下油锅稍煸。菠菜洗净切小段，用油炒熟，装盘。炒锅上火，放油烧热，放入勾兑成汁的冬笋蓉，煸炒成豆花状，撒入芍药花瓣，炒匀出锅，放在菠菜上，再撒上火腿末即可。

功效：滋阴止汗，补气减肥。

7. 芍药里脊汤

主料：芍药花1朵（择洗切条过开水），猪里脊肉125克，生菜2棵（洗净切碎过开水），胡萝卜50克（切片），洋葱适量。

调料：鲜汤750毫升，精盐、胡椒粉各适量。

制法：猪里脊肉洗净切成片，放精盐、胡椒粉腌渍入味。炒锅上火，放油烧至五成热，投入生菜、胡萝卜片和洋葱末煸炒，放入鲜汤、芍药花条烧开，放入猪里脊肉片氽熟，撒上胡椒粉即可。

功效：开胃爽口，健脾益气。

(四十七) 丁香花

丁香花，又名丁子香、鸡舌香、百结、情客、紫丁香等。为常绿灌木桃金娘科植物丁香的花蕾。丁香原产于我国，全国各地均有分布。常见的有十余种，如云南丁香、四川丁香、北京丁香、关东丁香、花叶丁香、小叶丁香、羽叶丁香、红丁香、蓝丁香等。外国品种有暴马丁香，产于波斯；洋丁香，产于欧洲等。对二氧化硫及氟化氢等多种有毒气体，都有较强的抗性，故又是工矿区等绿化、美化的良好树种。

【营养成分及作用】丁香味辛，性温。具有温中降逆，温肾助阳之功。主治胃寒呕吐、呃逆，以及食少、腹泻、阳痿等病症。丁香花蕾含挥发油即丁香油，油中主要含有丁香油酚等。花中还含有三萜化合物如齐墩果酸、黄酮等。丁香具有健胃作用，能使胃粘膜分泌显著增加，刺激胃肠蠕动，缓和腹部气胀，提高胃肠消化功能。丁香油还可消毒龋齿腔，破坏其神经，减轻牙痛。此外还有麻痹、降血压等作用。

【菜谱】

1. 丁香肘子

主料：猪肘 1 000 克。

调料：丁香 3 克，葱、生姜、糖色、鲜汤、葱段、黄酒、精盐、味精、湿淀粉各适量。

制法：先将肘用火燎毛刮洗干净，入水锅中煮到六成熟，擦干水，先抹上糖色，改刀成菱形块（皮面不要切透），装入碗中，加入丁香、葱、生姜、黄酒、精盐、味精、鲜汤，上笼蒸至皮肉软烂，滗出原汁，倒入锅中，用湿淀粉勾芡，浇在肘子上即成。

功效：开胃补虚，润肤美容。

2. 丁香酱羊肝

主料：生羊肝 500 克。

调料：酱油 100 克，精盐 5 克，黄酒 15 克，甜面酱、葱、生蒜、姜各 25 克，丁香、花椒、大茴香、桂皮、山奈、砂仁、豆蔻、肉桂各适量。

制法：先将羊肝用冷水泡洗干净，去掉苦胆，下开水锅焯过，然后另换清水，上旺火煮沸，加入所有调料，移到小火上煮 1 小时，捞出晾凉，切片装盘即可食用。

功效：强身健体，宽胸理气。

3. 丁香鸡翅

主料：丁香 2 克，鸡翅中段 750 克，青菜丝 100 克。

调料：精盐 3 克，味精 2 克，黄酒 10 克，桂皮 3 克，精制植物油 1 000 克（实耗约 100 克），鲜汤、酱油、葱、生姜、大茴香各适量。

制法：先将鸡翅洗净，用精盐、黄酒、味精、大茴香（拍碎）、桂皮、丁香、葱、姜腌 1 小时，上笼蒸熟，取出晾凉。再用酱油上色，放入七成热油中炸至金黄色，倒出沥油。锅留底油，下葱姜炸出香味放鲜汤、酱油、精盐、味精、黄酒和鸡翅，中火烧至鸡翅酥烂，旺火收浓汤汁。炒锅上火，放油烧至四成热放入青菜丝炸成菜松。将鸡翅盛放盘中央，菜松围边即成。

功效：滋补肝肾，温中益气，养血填精。

4. 丁香脆皮鹌鹑

主料：丁香粉 4 克，鹌鹑 10 克。

调料：精盐、酱油、胡椒粉、黄酒、葱、生姜、豆粉、辣椒粉、香菜、蒜蓉、麻油、生姜末、白糖、味精、植物油各适量。

制法：用竹签在鹌鹑胸腔内扎若干孔，但不要刺透，再将丁香粉、精盐、酱油、胡椒粉、黄酒、葱、生姜、水各适量混合拌匀，倒入鹌鹑胸腔内，浸入味，晾干。用温水、精盐、豆粉拌成浆，给晾干的鹌鹑上浆，油锅烧热，将鹌鹑下油锅内炸，至其外皮酥脆时起锅，切成块，放盘内，撒上辣椒粉，撒上香菜、蘸蒜蓉、麻油、生姜末、酱油、白糖、味精等调料兑成的调味汁食用。

功效：补益脾胃，滋养肝肾，防衰抗老。

5. 丁香豆腐

主料：豆腐 200 克，绿豆芽 100 克。

调料：植物油 150 克，海米、葱、姜、清汤、料酒各 10 克，丁香粉 1 克，精盐、花椒油各适量。

制法：把豆腐入笼蒸 5 分钟，取出晾透，切成 1 厘米见方的块，再对角划两刀呈 4 个小三角形。绿豆芽掐去根，洗净沥去水分。海米剁碎，葱姜切末。炒锅置旺火上，烧至七成热时加入豆腐炸成金黄色。另取炒锅加油烧热，加入葱姜末炒出香味，倒绿豆芽、丁香粉加精盐翻炒几下，烹上料酒，倒入豆腐、海米末，清汤翻炒几下，淋上花椒油即成。

功效：软化血管，降脂减肥，美容祛斑。

6. 丁香番茄牛肉汤

主料：丁香 5 粒，番茄 2 个，洋葱 25 克。

调料：牛肉汤 750 毫升，精盐、花椒粉、五香粉各适量。

制法：先将番茄切碎，洋葱切细。将所有原料混合入锅内煮 20 分钟，至洋葱熟烂。热、冷饮均可。

功效：开胸理气，温里补虚。

7. 丁香鸭

主料：净鸭子 1 只（重约 1 500 克），丁香 3 克，白菜心 250 克（切丝），番茄 150 克。

调料：酱油、黄酒、葱段、生姜片、麻油、精制植物油、精盐、味精、白糖、醋、胡椒粉各适量。

制法：鸭子用黄酒、酱油、精盐、白糖、胡椒粉、丁香、葱段、生姜片、味精拌匀，腌渍入味（约 2 小时）。把鸭子挂在迎风处晾干（盆内的调料留用），待鸭皮晾干后，把腌鸭子的调料塞入鸭腹内，上笼用旺火蒸烂取出，拣出葱、生姜、丁香。在白菜细丝中放入白糖、醋、麻油拌匀入味，围在盘子边上。将已洗净的番茄切成厚片，围在盘边的白菜外围。烧热植物油，把鸭炸透至皮酥，捞起。剁成块，放在盘中（仍摆成鸭的形状）即成。

功效：增加食欲，消除疲劳，补益强身。

（四十八）百合花

百合花，又名野百合、家百合、喇叭筒花、夜合花等，为百合科百合属多年生草本球根植物百合的花。百合花品种繁多，花色柔美，有橘红色的兰州百合、橙红色的岷江百合、火红色的山丹百合，还有雪白的白花百合，麝香百合则是白色花瓣中有绿晕。

【营养成分及作用】 百合花，味甘，微苦，性微寒。有驻颜美容，润肺平喘，清火安神等功效。可用于面色无华、皮肤粗糙、咳嗽、眩晕、夜寐不安、天疱疮等病症。百合花含有丰富的营养素，每百克百合花含蛋白质 3.36 克，脂肪 0.18 克，淀粉 11.8 克，还原糖 3.0 克，蔗糖 10.39 克，果胶 5.6 克，还含有秋水仙碱、维生素、泛酸、胡萝卜素等成分。常食百合花有增强机体免疫力、升高血细胞的作用，对多种癌症有一定疗效。

【菜谱】

1. 百合花鸡丁

主料：鲜百合花 30 克，鸡脯肉丁 400 克，水发冬笋丁 100 克，鸡蛋 1 个。

调料：酱油 15 克，黄酒 25 克，精制植物油 500克（实耗约 50 克），鲜汤、湿淀粉各 50 克，白糖、葱花、生姜末各 10 克，精盐、味精、胡椒粉、麻油各适量。

制法：把鸡丁用精盐、黄酒、胡椒粉、鸡蛋清、湿淀粉搅拌均匀，腌渍入味。炒锅上火，放油烧到四成热，下鸡丁过油，待鸡丁变白时捞出控油。再放入冬笋丁过油，捞出控油。炒锅留底油烧热，下葱花、生姜末煸香，放入鲜汤、黄酒、酱油、精盐。白糖、味精、湿淀粉，烧开后，倒入鸡丁、冬笋丁，百合花炒匀，淋上麻油，装盘即成。

功效：舒胃清胆。

2. 百合花煎蛋

主料：鲜百合花 30 克（择洗、过开水后冷水浸泡，切丝），鸡蛋 4 个，洋葱丁 35 克。

调料：精制植物油 75 克，精盐、胡椒粉各适量。

制法：将百合花用精盐和胡椒粉腌渍片刻，待用。鸡蛋打入碗里，用筷子抽打起泡，放入少许清水调匀，再放入适量精盐和胡椒粉，拌匀待用。炒锅上火，放油烧至三成热，放入百合花末煸炒，再下洋葱丁煸炒均匀，放入鸡蛋液搅拌均匀，用微火煎之，待一面煎黄后，轻翻过来，再煎另一面，直至煎熟为好。出锅时切开，即可趁热食用。

功效：润肺止咳，养颜美容。

3. 百合花鸭

主料：百合花（择洗、过开水、切段）15 克，肥嫩鸭 2 只（重约 1 500 克），鸽蛋 12 枚，五花猪肉 500 克，净冬笋 300 克。

调料：黄酒、辣酱油各 15 克，生姜 5 克，精制植物油 75 克，麻油 30 克，白糖 50 克，精盐、味精、胡椒粉各适量。

制法：将鸭去毛及内脏，剁去鸭爪，洗干净，和五花猪肉一同放入沸水锅里焯一下，捞出，放入冷水中洗净。炒锅上火，放油烧热，烹入黄酒、辣酱油、生姜片、白糖、清水，投入鸭肉、五花猪肉用旺火烧开，小火煨煮，待鸭肉八成熟时，改刀切成块，原汤过滤待用。将冬笋切成劈柴块，下入温油炸透，放入砂锅底层，上面撒百合花，再把鸭块放在百合花上，五花肉切片放在鸭上。鸽蛋煮熟，去壳，放在鸭锅里，加入过滤原汤、精盐、味精、胡椒粉，调好口味，小火焖烂，收浓汤汁，淋上麻油即可出锅，装盘。

功效：润肺止咳，养血益气。

4. 百合花豆腐

主料：百合花瓣 30 克，豆腐 250 克，猪血块 100 克，青椒 1 个（切片），番茄 2 个。

调料：芝麻、蒜蓉各 15 克，甜杏仁末 25 克，辣椒粉 2 克，鲜汤 150 克，精盐、味精各适量。

制法：先将鲜百合花用开水焯一下，放清水中浸泡 1 小时，捞出待用。将豆腐、猪血入沸水中淖过，切成正方体小丁。番茄洗净，用开水烫一下，去皮、籽，切粒，与辣椒粉、杏仁末、芝麻、蒜蓉、鲜汤拌匀，过滤出汁，倒入锅内，放入百合花烧开，放精盐、味精调好口味，放入豆腐丁和猪血丁，盖上盖，用小火煨入味，出锅即成。

功效：补心养血，清肺安神。

5. 百合花鲫鱼汤

主料：百合花 25 克，鲫鱼 2 条。

调料：精盐、黄酒、味精、葱段、生姜片、胡椒粉、精制植物油各适量。

制法：先将鲫鱼去鳞、鳃、内脏，洗净。炒锅上火，放油烧至四成热，将鲫鱼放入煎至两面黄后，加入黄酒、生姜片、葱段和适量清水，先用旺火烧沸，再改用小火炖至熟烂，撒上百合花，加入精盐、味精、胡椒粉调味，盛入汤碗中即可。

功效：益气补血，养心安神。

6. 百合花杏仁羹

主料：干百合花（泡开切碎）15 克，甜杏仁（去皮切碎浸水）200 克，粳米（浸水）适量。

调料：白糖适量。

制法：将甜杏仁和粳米混在一起，加入清水适量，磨成细浆状，过滤去渣。炒锅上火，加适量清水和白糖，待糖溶化后，放入百合花。再将甜杏仁、粳米浆慢慢倒入锅内，边倒边用手勺搅，全部搅成浓汁，熟后盛入碗内即可。

功效：润肺止咳，清热安神，健脾开胃。

（四十九）桂花

桂花是中国木樨属众多树木的习称，金秋盛开，花色有黄、白、红三种，常见的有丹桂、金桂、银桂和四季桂，广泛栽培于长江流域以及以南地区。桂花不仅可观赏，其食用价值也很高，是极好的烹饪配料。

桂花是提取香精的原料，可用于制作糕点、蜜饯及各种饮食、饮料等。

【营养成分及作用】桂花味甘，性温，无毒。有暖胃平肝，祛瘀散寒，健脾益肾，活络化痰等功效。常用于咳喘有痰，血痢，牙痛，口臭等病症。经过蒸馏而成的桂花露，有疏肝理气，醒脾开胃的作用。桂花含有挥发油及木犀甙，芳香物质中包括癸酸内纳酯、紫罗兰酮、反芳樟醇氧化物、顺芳樟醇氧化物、芳樟醇、壬醛以及水芹烯、橙花等。

【菜谱】

1. 桂花蒸肉

主料：五花猪肉 500 克，桂花 3 克。

调料：熟米粉、红糖各 100 克，胡椒粉、酱油、精盐、黄酒、葱、生姜各适量。

制法：先将五花猪肉切成长块。葱、生姜均切成细末。将肉放入盆中，加入酱油、黄酒、米粉、精盐、胡椒粉、桂花、葱、生姜、红糖，一起搅拌均匀，腌渍几小时后，扣碗内放入红糖少许，略加清水调和均匀，然后将肉摆入扣碗中，放入蒸笼用旺火蒸，另取红糖少许，加清水调匀，待肉蒸 1 小时后，用筷子将肉拨动一下，再把调好的红糖水淋在肉面上，继续在旺火上蒸 30 分钟，肉蒸至熟透后取出，倒入盘中即成。

功效：生津化痰，养胃健脾。适用于痰饮喘咳、肠风血痢、胃及十二指肠溃疡患者。

2. 桂花仔鸡

主料：鲜桂花 12 克，生鸡脯 400 克，鸡头 1 个（带颈），鸡翅 1 对，鸡爪 1 对，青豆 20 粒，鸡蛋 1 个，熟火腿丁适量。

调料：精盐、黄酒、干淀粉、湿淀粉、味精、白糖、鲜汤、精制植物油、麻油各适量。

制法：先将生鸡脯切成豆粒大的碎丁，放在碗内，加鸡蛋清、干淀粉、精盐、味精，搅拌均匀。炒锅上火，放油烧至五成热，将鸡丁放入过油 1 分钟，用漏勺捞起。再将鸡头、翅、爪倒入油锅氽数下，倒入漏勺沥油。炒锅再上火，放鲜汤、精盐、味精、白糖，将鸡丁、火腿丁、青豆倒入略炒 1 分钟，用湿淀粉、黄酒、桂花勾芡，淋上麻油，用铁勺推动，起锅装盘，镶上熟鸡头、翅、爪成鸡形后即可。

功效：补气益精，生津止痰，止牙痛。

3. 桂花鲤鱼

主料：鲜桂花 20 朵，活鲤鱼 1 条（重约 750 克）。

调料：鲜汤 100 毫升，葱花、生姜、湿淀粉各 10 克，蒜蓉 15 克，白糖、黄酒各 25 克，精制植物油 1 000 克（实耗约 50 克），精盐、味精、胡椒粉各适量。

制法：鲤鱼洗净，用净布擦干，鱼身两侧各划 5 个刀口，刀距要相等，刀深不要碰鱼骨。用精盐、黄酒、胡椒粉、味精搓擦鱼身，腌渍入味。炒锅上火，放油烧至八成热，下葱花、生姜末、蒜蓉煸香，将鱼头先下锅，然后，再顺进鱼身，一面炸黄，再炸另一面，呈金黄色时烹入黄酒，加入鲜汤、白糖、精盐、味精，烧入味用湿淀粉勾芡，撒上鲜桂花和胡椒粉即可。

功效：补气健脾，利水消肿。

4. 桂花河蚌汤

主料：灵芝 10 克，河蚌 200 克（去壳洗干净、切块），桂花 15 克。

调料：冰糖 20 克。

制法：将灵芝、冰糖、桂花、河蚌同放入锅中，加入清水适量，大火煮开后小火煨烂即可。

功效：滋阴养血。适用于体虚者保健用。

5. 桂花糕

主料： 发面 750 克，猪油 200 克，桂花 25 克。

调料： 青梅、红丝各 15 克，白糖 250 克，植物油、豆沙、果酱、食用碱各适量。

制法： 将发面内加适量碱水揉匀，再放入白糖、猪油、桂花，反复揉至糖完全融在面团中，面团表面光滑有劲、不粘手，再将面团放入面盆内，将盆放在热水中保温 1 小时左右，让酵面发足后倒入笼格中，上面撒上青梅、红丝，旺火蒸 20 分钟至糕熟。待糕凉后剖成两片，在中间涂上豆沙、果酱，再把两片糕合起来，用刀切成小块即可。

功效： 补脾健胃，养身健体。适用于一般人养生保健食用。

6. 桂花炖鸭

主料： 糖渍桂花 30 克，光鸭 1 只（重约 1 000 克）。

调料： 黄酒 200 克，精盐适量。

制法： 先将光鸭内外用精盐擦匀。将黄酒、糖渍桂花放入大碗内调匀，将大碗放砂锅中，碗外注清水过半，上摆一井字形竹架，把用盐擦过的鸭子放在竹架上，将鸭子破腹处对准竹架的井口，防止弄翻碗中佐料。将砂锅置火上煮 1 小时，转用小火炖半小时，直至芳香扑鼻为度。揭开锅，取掉大碗，将鸭子放锅中，将碗中余汁泼于鸭子上即可。

功效： 滋阴补虚，利水消肿。

（五十）菊花 ◆

　　菊花又名节华、节花、黄华、黄花、女节、傅延年、活蔷、白菊花等，为菊科菊属多年生宿根草本植物菊的头状花序。菊花开放时，还会飘逸出芳香气味，这种气味能醒脑提神，解除疲乏。菊花营养丰富，可做出美味佳肴。可鲜食、干食、生食、熟食、蒸、炒食等。

　　【营养成分及作用】菊花味甘苦，性平，无毒。能疏风清热，解毒明目。主治头痛、眩晕、目赤、视物昏蒙、心胸烦热、疔疮、肿毒诸病症。如《神农本草经》说："主诸风头眩，肿痛，目欲脱，泪出，皮肤死肌，恶风湿痹。久服利血气，轻身耐老延年"。菊花含有挥发油、菊甙、腺嘌呤、胆碱、水苏碱、小檗碱、黄酮类、菊色素、维生素 A、维生素 B_1、氨基酸及刺槐素。

【菜谱】

1. 菊花肉片

主料：鲜菊花瓣 100 克，瘦猪肉片 500 克，鸡蛋 3 个。

调料：鲜汤 150 克，黄酒、葱段、生姜片各 20 克，胡椒粉 2 克，湿淀粉 50 克，麻油 3 克，精制植物油 500 克（实耗约 50 克），精盐、味精、白糖各适量。

制法：将肉片用鸡蛋清、精盐、黄酒、味精、胡椒粉、淀粉调匀浆好。用精盐、胡椒粉、白糖、鲜汤、味精、湿淀粉、麻油兑成汁。炒锅上旺火，放油烧至五成熟，投入肉片，滑散后倒入漏勺沥油。锅内留余油适量，下葱、生姜稍煸，倒入肉片，烹入黄酒，再将兑好的调味汁倒入锅内，先翻炒几下，将菊花瓣倒入锅内再翻炒几下即可。

功效：养血明目，清热祛风，健脑安神。

2. 菊花粉丝炒肉丁

主料：菊花 30 克，细粉丝 100 克（泡软），瘦猪肉 300 克（切丁）。

调料：豆瓣酱 50 克，鲜汤、精盐、味精、酱油、精制植物油、麻油各适量。

制法：炒锅上火，放油烧至六成热，下猪肉丁煸炒，炒至水干时，下豆瓣酱继续炒至油呈红色，放精盐、酱油、鲜汤、粉丝、味精，用旺火收汁后，下菊花炒匀，淋上麻油，起锅装盘即可。

功效：补血养肝，清热明目。

3. 菊花兔肉丝

主料：兔脯肉 300 克，鲜菊花 15 克。

调料：精盐 3 克，味精 2 克，黄酒 8 克，鸡蛋 1 个，精制植物油 500 克（实耗约 70 克），葱花、生姜末、鲜汤、湿淀粉各适量。

制法：先将兔脯肉切成薄片，再切成细丝，加黄酒、精盐、蛋清搅匀，加湿淀粉上浆，取碗放入精盐、味精、黄酒、鲜汤、湿淀粉兑成调味汁。炒锅上火，放油烧至四成热，放入兔肉丝，划散炒至乳白色，捞出沥油。锅内留底油，下葱花、生姜末炒出香味，倒入兔肉丝、菊花、调味汁，翻颠几下，起锅装盘即可。

功效：补肾养血，美容润肤。

4. 菊花雀球

主料：菊花 100 克，禾花雀 200 克，鸡蛋 2 枚。

调料：精制植物油 250 克（实耗约 50 克），黄酒 50 克，鲜汤 1 000 克，淀粉 15 克，精盐、味精、豌豆罐头、麻油各适量。

制法：禾花雀肉去骨及筋膜，洗净，用刀背砸成泥蓉，放入碗内，加鸡蛋、淀粉、黄酒、精盐、味精、鲜汤，拌成稀糊待用。炒锅上火，放油烧至五成热，雀肉稀糊透过铁漏勺，漏入油内成豌豆状小球，炸至雀球浮起，捞出控油。净锅后，放入鲜汤、豌豆，烧开煮熟后加入黄酒、精盐、味精，用湿淀粉勾芡，放入雀球、菊花段，搅拌均匀，淋上麻油，出锅即可。

功效：滋阴明目，镇静祛风。适用于肝肾亏虚之目暗不明，风热眼痛，头晕，头痛等症。

5. 菊花蟹黄鱼翅

主料：白菊花瓣、干鱼翅各 150 克，海参、熟鸡脯各 300 克，熟蟹黄 200 克，香菜段 50 克，奶汤750 毫升。

调料：青蒜、香油、精盐、葱、姜、料酒、味精、白胡椒粉各适量。

制法：把菊花瓣洗净沥干水。干鱼翅用碱水发好，冲洗几遍。炒锅清洗干净，起火，锅内放入油，先将葱、姜、青蒜煸出香味，再将海参丝、鸡丝、蟹黄肉倒入，加入味精、料酒、盐、白胡椒粉、奶汤，再将鱼翅放入锅内。待锅里的汤沸后，撇去浮沫，盛入汤盘，将白菊花瓣、香菜段，撒在鱼翅上面，淋上香油即可。

功效：养肝益气，补肾益精，清热祛瘀，平肝明目。适用于心胸烦热、目赤眩晕、高血压等病症。

6. 菊花蒸茄子

主料：菊花 10 克，紫茄子 500 克。

调料：麻油、精盐、味精各适量。

制法：先将菊花洗净放入锅中，加入清水适量，煎煮至沸，去渣后取菊花汤汁，与紫茄子一起放入碗中隔水蒸熟，放入麻油、精盐、味精搅拌均匀即可。

功效：清热凉血，防癌抗癌。

7. 菊花雏鸽汤

主料：雏鸽 2 只（宰洗净，各剁为 4 块），水发干菊花 25 克。

调料：清汤 1 500 毫升，精盐 4 克，糖、料酒、葱段、姜片、胡椒粉各适量。

制法：将鸽肉块入开水锅中汆透捞出，洗净血沫，盛在盆内，放入葱段、姜片，加入清汤，加盖上笼蒸 60 分钟，至熟烂取出，去葱、姜，加入精盐、糖、料酒、胡椒粉，调好口味，放入菊花，倒入烧开的清汤即可。

功效：清热解暑，明目祛火。

（五十一）梅花

梅花又名春梅、干枝梅、红梅等。属蔷薇科落叶小乔木。中国是崇尚梅花的国度，梅花品种繁多，现在已栽培应用的梅花有 300 种以上，主要分布于长江以南的各地区。根据其姿态分为直脚梅、垂直梅、龙游梅和杏梅四大类。

【营养成分及作用】梅花性平，味酸涩，无毒。有舒肝解郁，和胃健脾，行气化痰，明目除烦的作用。常用于治疗肝胃不和之脘腹胀痛，头目昏痛，月经不调，食欲不振等病症。梅花具有抗细菌、抗真菌、抗过敏作用。梅花主要含挥发油，挥发油中含有苯甲醛、苯甲酸等成分。

【菜谱】

1. 梅花嫩姜鸡

主料：梅花 6 朵，鸡肉块 500 克，嫩生姜 200 克，鸡蛋 1 个，甜青椒 4 个。

调料：大蒜 2 瓣，白糖 100 克，面粉、黄酒各 25 克，精制植物油 250 克（实耗约 100 克），精盐适量。

制法：锅中放入精盐、白糖，加入少许清水煮化后，即成为黏汁，入碗。将嫩生姜去皮，洗净切薄片，改切丝，撒少许精盐使其变软。将水分沥干，放在黏汁中。鸡肉逐块抹上蛋清，用黄酒、精盐、面粉、水调匀挂糊，放入炸锅中，用低温油炸至八成熟，捞出控油。锅内留底油，烧至五成热，先炒切成细蓉的蒜，再放入切成块状的青椒，煸炒均匀，撒入梅花瓣片，再把带有黏汁的生姜丝和炸过的鸡块放入，稍炒后，烹入黄酒适量，烧开后再放入用水溶好的面粉勾稀芡即成。

功效：滋阴清火，解表益气，醒脑益智。

2. 梅花鹌鹑

主料：梅花 10 朵，净鹌鹑 4 只。

调料：酱油、姜汁、白糖、黄酒、精盐、湿淀粉、精制植物油、胡椒粉各适量。

制法：将鹌鹑用竹针穿翼胸以固定形状。用酱油、姜汁、白糖、黄酒兑成汁，放入鹌鹑浸渍片刻，使上色带咸味，晾干待用。或用剥皮鹌鹑体，剁胸腹，穿竹针，体表与腔内涂抹少许精盐，蘸上淀粉糊，晾干待用。炒锅上旺火，放油烧热，下鹌鹑翻炸3 分钟，至金黄色时用漏勺捞起沥油，在鹌鹑上撒上梅花瓣、胡椒粉即可。

功效：滋补强身。

3. 梅花烩海参

主料：梅花 5 朵，水发海参片 250 克，水发冬菇片 150 克。

调料：精盐、味精、鸡汤、料酒、白胡椒粉、猪油、香油、葱丝、姜末、鲜豌豆苗各适量。

制法：把炒锅清洗干净，起火，锅内放入适量猪油烧热，投入葱、姜炒出香味，加入适量鸡汤、盐、味精、料酒、白胡椒粉勾芡，然后将海参、冬菇、梅花、豌豆苗下锅内。烧沸撇去浮沫，出锅淋上香油，盛入汤碗内即可。

功效：补肾益精，养血润燥，清热利湿，解毒。

4. 梅花鱿鱼羹

主料：鲜梅花 15 朵，干鱿鱼 150 克。

调料：清汤 750 毫升，精盐、味精、料酒、白胡椒粉、黄酒、食用碱、鸡油各适量。

制法：将鱿鱼放入温水泡 1 小时，淘洗干净，去头尾，切成长 3 厘米、宽 1.5 厘米的长方形，再平片成均匀又极薄的片，放入盆内，用五成热的水淘洗后，用食用碱拌匀，注入开水，盖上盖，焖泡到水温不烫手时，将水氽出一半，再倒入开水盖上盖焖泡。如此重复 3～4 次，使鱿鱼颜色发白、透明、质软，然后用清水漂洗净，再用凉水泡入盆内待用。炒锅置火上，注入清汤烧沸，倒入鱿鱼浸入 3～6 分钟后，氽去汤，再重复操作一次。将锅洗净注入清汤烧沸，加鱿鱼、白胡椒粉、料酒、味精、精盐，撇去浮沫，倒入梅花瓣，淋上鸡油，盛入大汤碗内即可。

功效：补血脉，调经血，益肝肾，固冲任。

5. 梅花熘火腿

主料：鲜梅花 10 朵（洗净切丝），熟火腿丝 20 克，大海米 15 克，鸡蛋 6 枚。

调料：精盐、味精、黄酒、胡椒粉、鲜汤、湿淀粉、生姜、精制植物油各适量。

制法：海米洗净，加入黄酒，上笼蒸透，切成碎末。鸡蛋打入碗内搅散，加入鲜汤、味精、黄酒、胡椒粉、精盐、湿淀粉搅拌均匀。炒锅上火，放油烧至六成热，下生姜末煸香后捞去，放入调好的鸡蛋炒熟，撒上鲜梅花丝、海米、火腿丝末，翻炒后装盘即可。

功效：健脾开胃，生精益血，驻颜美容。

（五十二）牡丹花

牡丹花又称洛阳花、谷雨花、富贵花、鹿韭、鼠姑、木芍药、百雨金、花王。为毛茛科多年生落叶小灌木牡丹的花。为我国十大名花之一。牡丹花花瓣和花粉，可制作保健食品和饮料。

【营养成分及作用】牡丹花味苦，性平，有活血调经之功，主治月经不调，经行腹痛等症。牡丹花含紫云英甙。丹皮花甙、缔纹天竺甙。花瓣和花粉含多种人体需要的氨基酸、微量元素和维生素。

【菜谱】

1. 牡丹花炖鹿肉

主料：牡丹花 1 朵，鹿肉块 1 500 克。

调料：枸杞子 5 克，花椒 30 余粒，山药 50 克，葱花、胡椒粉、生姜、精盐、味精、黄酒、麻油、豆瓣、香菜、菜籽油、酱油、鲜汤各适量。

制法：用菜籽油将豆瓣炒香，盛入碗内晾凉，加入味精、精盐、酱油、葱花、麻油调匀，分装 2 个小盘内。山药洗净切成长条，用沸水烫一下。锅内放清水适量，下入鹿肉块，用旺火烧开，撇尽浮沫，放进葱、生姜、花椒、枸杞子，改用微火炖至熟烂捞出，按横肉纹改刀切成条。将原汤用纱布沥去葱、生姜、花椒，再把鹿肉条、精盐一同放入砂锅，微火继续炖烂。将山药条放入碗内。在上面整齐地顺摆上鹿肉条，加入味精、黄酒、精盐、胡椒粉、麻油，上蒸笼蒸 5 分钟，取出倒入碗内。另将炒锅烧热，放入鲜汤，汤沸后撒上香菜和鲜牡丹花瓣，倒入汤碗内即可。

功效：补五脏，益精血，畅血脉。

2. 牡丹花包鸡肉片

主料：白牡丹花 3 朵，鸡里脊肉 300 克。

调料：精盐、味精、猪油、花生油、姜、料酒、鸡蛋、干淀粉各适量。

制法：将鲜白牡丹花平放案板上，撒上一层干淀粉。把鸡里脊肉去筋，用刀切成薄片，放入小碗内，加入精盐、味精、料酒、姜、葱丝拌匀浸渍入味。将鸡蛋打入碗内，搅匀。炒锅洗净，放在火上烧热，锅底抹上油，把蛋液倒入炒锅，摊成圆饼，然后切成长方块。另用一小碗打入鸡蛋清，加入干淀粉拌匀成蛋清糊。鸡里脊肉片理顺，平放在牡丹花瓣上，里脊肉片上再扣上一片牡丹花瓣做成花夹，在鸡蛋饼上抹上蛋清糊，将牡丹花夹放在皮上，包成方形小包。炒锅烧热，放入猪油，四成热时，将牡丹花里脊包分别滚上一层蛋糊，入油锅炸熟，捞出沥去油，整齐地摆放盘内即可。

功效：益气补虚，添精益髓，补血活血。

3. 牡丹花爆鸭肉条

主料：牡丹花 2 朵，生鸭脯肉 250 克，香菜 50 克，鸡蛋。

调料：精盐、料酒、味精、白胡椒粉、醋、湿淀粉、香油、花生油、鸡汤、葱、姜各适量。

制法：将野鸭脯肉切条放在碗内，加入精盐、味精、料酒、鸡蛋清、湿淀粉，调匀上浆。另用一小碗，将精盐、味精、料酒、醋、白胡椒粉、鸡汤、湿淀粉兑成芡汁，待用。炒锅洗净烧热，放入适量的花生油，至五成热时倒入鸭条，用筷子拨散滑透，倒入漏勺内沥油。在炒锅内留少许花生油，将葱、姜炒出香味，倒入鸭条、香菜和兑好的芡汁，炒几下后及时盛入盘内，撒上牡丹花瓣即可。

功效：滋五脏之阴，清虚劳之热，养胃生津，行水活血，补血调经。

4. 牡丹花青鱼片

主料：鲜牡丹花 4 朵，净青鱼肉 250 克，笋片100 克。

调料：鲜汤、鸡蛋清、湿淀粉、精盐、黄酒、猪油、鸡油、味精、胡椒粉、葱、姜各适量。

制法：先将净青鱼肉用凉水泡 12 小时，捞出控干，切成薄片，放在碗内，加入精盐、黄酒、味精、鸡蛋清、湿淀粉拌匀上浆。炒锅上火，放油烧至五成热，将鱼片逐块放入锅内滑透，倒入漏勺内沥油。炒锅内放猪油加热，再放入葱、姜，煸出香味，下入笋片炒熟，倒入鲜汤、精盐、味精、胡椒粉、黄酒、湿淀粉调成的稀汁。待汁烧沸时，将鱼片、牡丹花瓣倒入炒锅内，滑炒几下，淋上鸡油即可。

功效：健脾平肝，化湿逐瘀，活血调经。

5. 牡丹花鸡蛋汤

主料：牡丹花 2 朵（择洗干净切丝），鸡蛋 3 个，水发粉丝，菠菜各适量。

调料：猪油、鸡汤、精盐、味精、香油各适量。

制法：鸡蛋去壳打散。锅内放入猪油烧热，加入鸡汤、水发粉丝、用大火烧开，再加入菠菜、鸡蛋、精盐、味精，最后加牡丹花瓣，锅开盛入汤碗，淋上香油即可。

功效：润肺，止咳，止血，美容。

6. 牡丹牛肉丝汤

主料：牡丹花 3 朵（摘瓣洗净切丝），鲜瘦牛肉丝 250 克。

调料：猪油、葱、姜丝、精盐、味精、香油各适量。

制法：锅清洗干净，烧热后放入适量清水，水烧沸后，放入猪油略煮，投入牛肉丝，烧开，加入牡丹花丝、葱、姜，放盐、味精、淋上香油即可。

功效：补中益气，健脾养胃，强骨壮筋，补虚损，除湿气，消水肿。

（五十三）兰花 ◆

兰花又名山兰、幽兰、芝兰、兰草。为兰科宿根常绿草本植物的花卉。适应世界各个地区、各种气候栽培。兰花是中国古老花卉，古称"香祖""王者之香"。兰花可食用，用兰花瓣炒的菜，吃起来满口清香。兰花入茶，为茶中佳品。闻之兰花清香，饮之回味甘甜，提神醒脑，沁人心脾，生津解渴，妙不可言。

【营养成分及作用】兰花性平，味辛，无毒。具有理气宽中，养阴清热，化痰止咳，凉血利尿，明目美容，利关节的功效。常用于治疗胸闷不舒、咳嗽咯血、肺痈、赤白带下、跌打损伤、痈肿等病症。

【菜谱】

1. 兰花焖五花肉

主料：猪五花肉400克，兰花20朵，鲜冬笋50克，干口蘑30克。

调料：葱、姜、精盐、酱油、冰糖、料酒各适量。

制法：先将猪五花肉清洗干净，用叉子将其叉住，放在火上将皮烧焦起泡，再放入凉水内浸泡，待皮泡透，用小刀刮净焦色和枯斑，肉刮洗干净后，皮呈金黄色，用刀修去四边的焦糊部分，把肉切成大方块，每块肉的皮上划成双线花刀，肉的一面打十字花刀。将冬笋剥去皮和笋衣，并用刀切成滚刀块，放在锅内加入适量清水，起火煮开后再煮几分钟去掉笋中的草酸成分，捞起，控干，放入盆中。干口蘑用温开水泡软，捞起，放入另一碗内，用清水把口蘑洗干净，大的切成两片，用少许原汤泡上。将肉块肉皮朝下放在砂锅内，加入葱丝、姜丝、料酒、冰糖、盐、少许酱油、冬笋、口蘑、适量清水，用大火烧沸，撇去浮沫，改小火焖煮 2 小时，待肉熟烂、去葱、姜，加入兰花瓣，收浓汁即可。

功效：补气益胃，健脾化湿。适用于脾虚湿浊偏盛之人。

2. 兰花拌肚丝

主料：鲜兰花 10 朵，猪肚 500 克。

调料：酱油、白胡椒粉、冰糖、精盐、味精各适量。

制法：把猪肚用精盐揉几遍，清水洗干净，放沸水锅内煮至半熟，捞出用刀刮洗干净，再放入沸水锅内煮熟后捞出，控干晾凉，切成细丝，放入盆内，加入白胡椒粉、冰糖、水、味精、精盐、酱油和兰花瓣，调匀盛入盘内即可。

功效：清热，解毒，健胃。

3. 兰花野兔扒

主料：鲜兰花 15 朵（洗净切末），净野兔肉 500 克，猪肥膘肉 150 克，葡萄酒 25 克，鸡蛋 2 个，洋葱、面包各 50 克。

调料：麻油、番茄汁各 50 克，鲜汤 250 毫升，鲜番茄片 75 克，精盐、辣酱油、胡椒粉各适量。

制法：将净野兔肉去筋与猪肥膘肉一起剁成蓉，放入盆内加洋葱末、面包用水泡软，挤干水分，搓细碎、2 个鸡蛋、10 朵兰花（切末）、精盐、胡椒粉，用力搅拌，做成直径 10 厘米，厚约 3 毫米的圆形肉饼生坯。平底煎锅加麻油烧热，逐个放入肉饼生坯，小火煎至两边呈黄色，待九成熟时加入辣酱油、番茄汁、葡萄酒、鲜汤及余下的兰花末，烧开，焖熟，趁热装盘，浇上余汁，再用鲜番茄片拼边即可。

功效：理气和胃，健脾益气。

4. 兰花炒鸡丝

主料：鲜兰花 10 朵，洋葱 50 克，熟鸡脯肉 300 克，蘑菇片 45 克。

调料：麻油 45 克，辣酱油 25 克，胡椒粉、精盐各适量。

制法：熟鸡脯切粗丝、撒精盐、胡椒粉、辣酱油拌匀，腌渍片刻。洋葱去皮，洗净，切丝待用。炒锅烧热，放入麻油、洋葱丝、炒至牙黄色，放入鸡丝，加辣酱油、蘑菇片、兰花瓣，炒匀出锅即可。

功效：补气滋阴，行气开胃。

5. 兰花蒸野鸭

主料：兰花 6 朵，野鸭 1 只（洗净断生），章鱼

100 克（刮洗切段），水发竹笋 50 克，干荔枝 4 个。

调料：味精 5 克，精盐 5 克，生姜、黄酒各 10 克，鲜汤 700 克，香葱 3 根，湿淀粉适量。

制法：将净野鸭放入盆内，加入鲜汤、生姜片、葱、黄酒、精盐，上笼蒸至八成烂。将竹笋切段，洗净，放入碗内，加入鲜汤，与野鸭一起上笼再蒸 20 分钟取出。洗净章鱼段，放入碗内，加入鲜汤，上笼蒸至八成熟。荔枝去壳、去核，放入碗内，加鲜汤上笼蒸 10 分钟，取出。竹笋、章鱼、荔枝一起放入蒸鸭的盆内，蒸熟，将原汤过滤。过滤后的原汤加入味精、精盐、湿淀粉调匀，把兰花片放入，烧开，将章鱼、竹笋、荔枝放在野鸭上面，浇上芡汁即可。

功效：舒肝健胃。

6. 兰花清炖仔鸽

主料：净肥嫩鸽子 5 只（每只切 4 块），兰花 20 朵，冬笋、水发口蘑各 50 克。

调料：清鸡汤 500 克，精盐、白糖、料酒、味精、葱段、姜丝各适量。

制法：鸽子肉块用滚开水氽透捞出，洗净血沫。口蘑、冬笋等用滚开水氽透捞出，放入盘内备用。在砂锅内放入清鸡汤，上火烧开，放鸽肉块、葱、姜、料酒、精盐、白糖少许，用大火烧开后，转用小火炖之。炖三个小时后，把冬笋、口蘑放入砂锅内，继续炖至鸽肉已烂，拣出姜、葱，撇尽浮面的油点，放入味精、兰花瓣，调好味道即可。

功效：消暑解毒，滋肾益气，醒脾化湿。适用于肝火旺、虚羸、血虚经闭、胃肠湿热、食欲不振等症。

7. 白兰花猪肺汤

主料：白兰花 15 朵，猪肺 150～200 克。

调料：葱段、生姜片、精盐、麻油各适量。

制法：先将猪肺反复灌洗干净，切成片状，用手挤出猪肺内的泡沫，用水再洗干净，然后与白兰花、葱段、生姜片一同放入锅内，煨熟后加入精盐，淋上麻油即可。

功效：镇咳平喘，化痰理气。

（五十四）蔷薇花

蔷薇花又名蔷蘼、刺玫蔷薇、多花蔷薇、蔓性蔷薇、玉鸡苗、白残花等。为蔷薇科属多年生落叶小灌木蔷薇的花。蔷薇花的叶、花、根、茎、果实皆可入药。药用以"多花蔷薇（即野蔷薇）"和"小果蔷薇"为好。

【营养成分及作用】蔷薇花味甘，性凉。具有清热止渴，解暑化湿，顺气和胃，凉血止血功效。可用于治疗暑热胸闷、呕吐、不思饮食、吐血、刀伤出血、口渴、泻痢、疟疾等病症。蔷薇花含黄芪甙和

0.02％～0.03％的挥发油。挥发油主要为香茅醇，可达 40％。每百克野蔷薇含水分 71 克，蛋白质 5 克，粗纤维 2.7 克，胡萝卜素 2.65 毫克，烟酸 1.5 毫克，维生素 C 105 毫克。

【菜谱】

1. 蔷薇花肉片

主料：鲜蔷薇花 2 朵，瘦猪肉 150 克，豌豆 50 克。

调料：鲜汤 100 克，鸡蛋清 200 克，精制植物油 500 克（实耗约 75 克），葱花 15 克，味精、精盐、黄酒、胡椒粉、生姜末、湿淀粉各适量。

制法：瘦猪肉去筋膜洗净，放案板上用刀背剁成泥蓉，边剁边加水，剁均匀。把瘦猪肉蓉放入盆里，加入鲜汤，搅拌成糊状。鸡蛋清分 3 次放入糊中，边放边搅，顺着一个方向搅拌，使其融为一体，拌至发黏时，放入湿淀粉、味精、精盐、胡椒粉，再搅拌均匀。炒锅上火，放油烧至四成热，分几次放入肉泥，使肉泥成片，浮出油面，捞出控油。炒锅留底油烧热，下葱花、生姜末煸香，下蔷薇花瓣、鲜汤、黄酒、精盐、豌豆、烧熟后用湿淀粉勾芡，放入味精，下肉片，搅拌均匀后即可。

功效：清暑化湿，顺气和胃，补益气血，美容养颜。

2. 蔷薇花煸牛肉丝

主料：鲜蔷薇花 4 朵，牛里脊肉丝 150 克。

调料：精制植物油 50 克，生姜丝 10 克，醋 2 克，绍兴酒 15 克，酱油、麻油各 5 克，豆瓣辣酱、花椒粉、精盐、辣椒粉各适量。

制法：炒锅置旺火上，放油烧至七成热，下牛肉丝反复煸炒至水将干时，下生姜丝、精盐及豆瓣辣酱（剁细）继续煸炒，边炒边加油，煸到牛肉将酥时，依次放辣椒粉、绍兴酒、酱油，边下边炒，再加醋、蔷薇花瓣，快速煸炒几下，淋上麻油装盘，撒上花椒粉即可。

功效：补益气血，强壮筋骨，美容健身。

3. 蔷薇滑鸡条

主料：蔷薇花 2 朵，生鸡脯肉条 200 克，黄瓜 5 克，熟冬笋 50 克。

调料：酱油 10 克，白糖 25 克，大蒜 1 头，五香粉 3 克，黄酒、番茄酱、生姜汁、葱花、藕粉、熟芝麻、胡椒粉、麻油、味精、精盐、精制植物油各适量。

制法：鸡脯肉条放在碗里，加生姜汁腌渍，再放入黄酒、藕粉、精盐上浆，再滚上些藕粉待用。炒锅上火，放油烧至五成热，下鸡条、熟冬笋、黄瓜条滑油，捞出控油。炒锅留底油，下葱花、蒜蓉煸香，下胡椒粉炒匀，放酱油、白糖、精盐、味精、番茄酱、清水，用旺火烧开，放入鸡条、冬笋条、黄瓜条、蔷薇花片，烧开，入味，用藕粉勾芡，淋上麻油，撒上熟芝麻即可。

功效：补气养阴，益肾养容。

4. 野蔷薇花炒鸡蛋

主料：野蔷薇花 300 克（择洗切段），鸡蛋 3 个。

调料：精盐、味精、葱花、猪油、植物油各适量。

制法：鸡蛋磕入碗内，用筷子顺着一个方向搅匀。油锅烧热，下葱花煸香，倒入鸡蛋煸炒，加入精盐炒至熟而入味，出锅待用。猪油入锅烧热，下葱花煸香，投入野蔷薇煸炒，加入精盐炒至入味，倒入炒好的鸡蛋，点入味精，推匀出锅即可。

功效：利咽滋肺，滋阴润燥，清热解毒。适用于治疗咽喉肿痛、目赤、虚劳吐血、痢疾、营养不良等病症。

5. 野蔷薇花豆腐

主料：野蔷薇花、熟火腿肉丝各 50 克，冬笋丝、绿叶菜丝各 40 克，嫩豆腐 400 克，冬菇丝 25 克。

调料：鸡清汤 600 克，精盐、酱油、味精、鸡油少许。

制法：豆腐切成条，入开水锅中略焯，去除豆腥味，使豆腐成丝条，不易碎。炒锅用清水洗净后，在锅内注入鸡清汤，另加清水适量，放入豆腐、冬笋、冬菇，烧沸后撇去浮沫，下入精盐、酱油、味精、火腿丝、花瓣、菜丝，稍烩一下便起锅倒入汤碗内，淋上鸡油即可。

功效：清热和中，开胃生津，益血止血，润燥解毒。适用于肺热咳嗽、暑热吐血、口渴、泻痢、目赤、酒精中毒等病症。

6. 凉拌野蔷薇花

主料：野蔷薇花瓣 500 克（沸水焯过切碎）。

调料：精盐、味精、白糖、醋、麻油各适量。

制法：蔷薇花放盘内，加入精盐、味精、白糖、醋、麻油，吃时拌匀即可。

功效：润肤泽容，延缓衰老。

（五十五）海棠花

海棠花又名梨花海棠、八月春、断肠花、相思草等。为秋海棠科海棠属多年生草本植物秋海棠的花。海棠品种有 20 多个，如四季海棠、竹节海棠、毛叶海棠、蟆叶海棠、撒金海棠、花叶海棠等。4—11月开花。海棠对二氧化硫有较强的抗性，适用于城市街道绿地和厂矿区绿化。

【营养成分及作用】海棠花味酸，性寒，无毒。具有散瘀清热，凉血止血，调经止痛等功效。可用于吐血、衄血、胃溃疡、痢疾、肺痈、崩漏、白带、月经不调、跌打损伤、淋浊等病症。海棠茎叶含丰富的草酸，根茎含强心甙、黄酮类、甾醇和三萜类等成分。

【菜谱】

1. 海棠花炒猪肝

主料：净海棠花瓣 100 克，猪肝 500 克，鸡蛋 2 个。

调料：黄酒 50 克，葱花 20 克，生姜末 15 克，酱油、白糖各 25 克，味精 2 克，淀粉 10 克，精制植物油、精盐、胡椒粉各适量。

制法：猪肝洗净，切薄片放入盆里加黄酒、精盐、胡椒粉、味精、葱花、生姜末腌渍入味。取碗打入鸡蛋，加淀粉调成蛋糊。炒锅上火，放油烧热，将挂糊的肝片下锅炸成金黄色，捞出控油。炒锅上火，放油烧热，下葱花、生姜末煸香，倒入猪肝，加入黄酒、酱油、白糖、精盐、胡椒粉、味精，炒匀后撒上海棠花瓣，稍炒即可。

功效：解毒生津，养肝明目。

2. 海棠花炒猪肚

主料：海棠花 15 朵，熟白猪肚 300 克。

调料：猪油 75 克，葱花 20 克，生姜末、蒜蓉各10 克，辣酱、香菜末各 25 克，鲜汤 100 克，味精 2克，精盐、胡椒粉各适量。

制法：熟白猪肚切菱形片，下沸水锅焯透待用。炒锅上火，放油烧到五成热，下葱花、生姜末、蒜蓉煸香，倒入猪肚片，煸炒后，放入辣酱、鲜汤、香菜末、精盐、味精，炒匀，淋上热油，撒上海棠花、胡椒粉，装盘即可。

功效：祛风清热，健脾止泻。

3. 海棠花蒸猪爪

主料：猪前爪 5 个（约 1 500 克），鲜海棠花 200克，青菜心 12 棵（小棵），熟火腿 50 克。

调料：鲜汤 150 克，味精 3 克，精制植物油 500克（实耗约 50 克），精盐适量。

制法：猪前爪整理干净，煮 15 分钟，捞出控干，对剖为两片，放入盆中加水，入蒸锅蒸 2 小时，取出，晾凉，拆去猪爪中的大骨，待用。熟火腿切成 10 片，一端修成弧形。炒锅上火，放油烧至四成热，下菜心炸一下，捞出控油。锅内留底油烧热，放入菜心、精盐、味精、鲜汤，炒熟待用。大圆盘外围放匀熟青菜心，成放射状，内圈放猪爪，再放上熟火腿片，撒上鲜海棠花。炒锅上火，放入蒸猪爪余汤、鲜汤、精盐、味精、热油，拌匀烧开，浇在青菜、猪爪、火腿、海棠花片上即可。

功效：止渴降火，强壮筋骨。

4. 海棠花蒸鳜鱼

主料：秋海棠 50 克（择洗过开水），净鳜鱼 1 条（重约 1 000 克），熟火腿片、净冬笋片、水发香菇片各 20 克。

调料：葱段、生姜片各 5 克，精盐 3 克，味精 2 克，麻油 10 克，黄酒、鲜汤各适量。

制法：将鳜鱼身放入沸水内略烫，取出用刀刮去背上、肚上的黑皮膜，洗净，用精盐在鱼身上均匀擦一遍。再将鱼在冷水中洗净，顺脊刺直划一刀，划开脊肉，平放在鱼盘上，上面铺上香菇、鲜笋、火腿、生姜片、葱段，加黄酒、精盐、味精、鲜汤、麻油各适量，上笼蒸熟取出，撒上海棠花丝，再上笼蒸 1 分钟后即可。

功效：养血益气，健脾和胃。适用于气血亏虚和病后体虚者。

5. 海棠花鱼皮

主料：鲜海棠花瓣 100 克，青鱼皮、熟猪肥膘肉块各 200 克，熟芝麻、面粉、干淀粉各 50 克，鸡蛋 2 个。

调料：黄酒 100 克，鲜汤 250 毫升，葱花、精盐、生姜末、胡椒粉、味精、精制植物油各适量。

制法：将青鱼皮、猪肥膘肉用葱花、生姜末、黄酒、精盐、胡椒粉、味精腌渍入味。鸡蛋清打入碗里，放入淀粉，拌匀成蛋清糊。在猪肥膘肉的正反两面，抹匀蛋清糊，一面帖上青鱼皮，拍上面粉，一面粘上海棠花瓣、熟芝麻和面粉，制成生坯。炒锅上火，放油烧至五成热，放入生坯逐片炸至金黄色，捞出，控油。炒锅留底油，烧热，放入葱花、生姜末煸香，加入鲜汤、黄酒、精盐、味精、胡椒粉，烧开，放入炸鱼皮、鲜海棠花片、淀粉，搅拌均匀，出锅即可。

功效：明目退翳，养肝和胃。

6. 海棠花蒸茄子

主料：海棠花 50 克，紫茄子 3 个。

调料：蒜蓉、精盐、味精、麻油、食醋各适量。

制法：先将海棠花洗净放入锅中，加水适量煎煮至沸，去渣后取海棠花汤汁，与紫茄子一起放入碗中隔水蒸熟，放入蒜蓉、精盐、味精、麻油、食醋搅拌均匀即可。

　　功效：散瘀清热，凉血止血，防癌抗癌。

（五十六）蜡梅花

　　蜡梅花又名香梅花、黄梅花、雪里花等，属蜡梅科落叶灌木蜡梅的花蕾。蜡梅在我国久以栽培，变种和品种不少，常见有素心蜡梅、馨口蜡梅、红心蜡梅、小花蜡梅。蜡梅花亦可食用。《救荒本草》载"采花炸熟，水浸淘净，油盐调食。"用其做菜配料，花香扑鼻。

　　【营养成分及作用】蜡梅花味甘，微苦，无毒。有解暑生津，开胃解郁，行气止咳，解毒生肌之功效。常用于心烦口渴、气郁胃闷、咳嗽、咽喉肿痛等病症。蜡梅花气香、含挥发油，内含桉叶素、龙脑、芳樟醇、苯甲醇、乙酸苄酯、洋蜡梅碱、异洋蜡梅碱、蜡梅甙、胡萝卜素等成分。

【菜谱】

1. 蜡梅花炒牛肉丝

主料：蜡梅花 30 朵，牛里脊肉丝 150 克，芹菜 100 克（洗净切段），鸡蛋 1 个，红辣椒丝 10 克。

调料：精盐、味精、酱油各 5 克，精制植物油 300 克（实耗 50 克），淀粉、麻油各适量。

制法：鸡蛋取蛋清加淀粉与牛肉及调味料上浆拌匀。炒锅上火，放油烧至六成热，放入牛肉丝，炒散划开，熟后即用漏勺捞起沥油。锅留底油，用旺火下芹菜翻炒，至芹菜转成碧绿色时下牛肉丝、红辣椒丝，一起翻炒几下，撒上蜡梅花，加味精调味，淋上麻油出锅即可。

功效：补益脾胃，托毒生肌。

2. 蜡梅花鸡糕

主料：蜡梅花 25 朵（择洗过开水），鸡脯肉 400 克，猪肥膘肉 100 克，香菇 25 克，鸡蛋 2 个，黄瓜 56 克。

调料：精盐、胡椒粉、黄酒、湿淀粉、葱、生姜、鲜汤、麻油各适量。

制法：猪肥膘肉切成片，与鸡脯肉一同斩成泥，拣去细筋，放装盘内；鸡蛋去黄留清，放入碗内；生姜拍碎，葱切末，用凉鲜汤和少许黄酒泡上。发好的香菇切成粗丝，黄瓜洗净切斜条，加少许精盐、味精、麻油腌渍入味。鸡泥和泡好的葱、生姜汤调成稀糊，放入鸡蛋清、精盐、胡椒粉、黄酒、味精、湿淀粉，顺时针方向搅拌均匀。另取一大盘，抹上油，鸡糊倒盘内摊平。用夹子将蜡梅花、香菇、黄瓜摆成蜡梅树形状。上笼用旺火沸水蒸5分钟左右，至熟透。炒锅上火，加油烧热，下入葱、生姜炒出香味，再放入鲜汤，汤沸后拣出葱、生姜不用，加精盐、黄酒、胡椒粉，调好口味，轻轻地注入鸡糕里即可。

功效：补益气血，润燥止渴。

3. 蜡梅花鸽肉片

主料：蜡梅花25朵，鸽脯肉260克，鲜豌豆苗、鲜蘑菇片各50克，熟火腿片35克。

调料：精盐、味精、胡椒粉、淀粉、鲜汤各适量。

制法：先将蜡梅花洗净，鸽脯肉去皮筋，切成大片。在案板上撒上干淀粉面，将鸽脯肉砸成泥，加淀粉揉和，再擀成薄片。锅内放入鲜汤烧开，鸽片逐片放入锅内焯熟，捞入凉水过凉，切成长片。锅内余汤倒出，放入新鲜汤烧开，加少许精盐、胡椒粉、味精，调好味，倒入大汤盘内，锅内留一些汤，下入鸽片、蜡梅花、鲜豌豆苗、火腿、鲜蘑菇片，烧开撇去浮沫，盛入大盘内即可。

功效：滋肾益气，健脾开胃，生津散郁。

4. 蜡梅花青鱼片

主料：鲜蜡梅花 20 朵（摘瓣冷水浸泡半天），青鱼肉片 400 克，鲜豌豆苗尖 100 克，水发黑木耳 25 克。

调料：鲜汤、精制植物油、酱油、醋、白糖、湿淀粉、黄酒、泡辣椒丝、味精、胡椒粉、精盐、葱末、生姜末、大蒜末、红油各适量。

制法：将青鱼肉片里加少许精盐、黄酒、湿淀粉拌匀浆好。另用小碗，将白糖、醋、味精、精盐、酱油、胡椒粉、鲜汤、葱末、蒜末、生姜末、湿淀粉放入小碗内拌均匀，调成芡汁。炒锅上火，放油烧至五成热，下鱼片，用手勺轻轻推动锅底，至鱼熟时，捞出。锅内留底油烧热，放入泡辣椒丝，炒至色红时，将鱼片、黑木耳、豌豆苗尖、蜡梅花一同放入，翻炒均匀，淋上红油，盛装盘内即可。

功效：补气化湿，开胃解郁，生津止渴。

5. 蜡梅鸡蛋汤

主料：蜡梅花 15 克，鸡蛋 3 个，鲜豌豆苗 10 克。

调料：清汤、鸡汤各 250 毫升，味精、食盐、料酒、麻油、胡椒粉各适量。

制法：鸡蛋去外壳打入碗内，加入鸡汤、味精、料酒打散搅匀，放入洗净的蜡梅花，上笼蒸 10 分钟取出。炒锅放火上，加清汤烧沸，放味精、盐、胡椒粉、料酒，撇去浮沫，放入豌豆苗，烧沸后淋麻油，倒入鸡蛋碗中即可。

功效：清热解毒。适用于热毒所致咽喉肿痛，口舌生疮，目赤肿痛等症。

6. 蜡梅火腿粥

主料：蜡梅花 25 克，熟火腿肉 50 克（切碎），冬笋（切碎）、水发香菇（切碎）、青豆各 25 克，糯米 100 克。

调料：麻油 25 克，黄酒 15 克，胡椒粉 2 克，葱花 10 克，生姜末 5 克，鲜汤 1 500 克。

制法：将糯米淘洗干净，放入锅中，加入鲜汤，置旺火上烧开后加入火腿、冬笋、水发香菇、青豆、黄酒、葱花、生姜末等，用小火熬煮成粥，放入蜡梅花，撒上胡椒粉，淋上麻油即可。

功效：解暑生津，顺气止咳。

（五十七）紫藤 ◆

紫藤别名藤萝、朱藤、黄环、葛花，为豆科紫藤属落叶木质大藤本，原产于中国山东、河南、河北、山西等省，朝鲜、日本亦有分布。常见的品种有多花紫藤、银藤、红玉藤、白玉藤、南京藤等。紫藤对城市环境适应性强，能抗多种有毒害的气体，如二氧化硫、氯气、氯化氢等。

【营养成分及作用】紫藤花可提炼芳香油，并有解毒、止吐泻等功效。紫藤的种子有小毒，含有氰化物，可治筋骨疼，还能防止酒腐变质。紫藤皮具有杀虫、止痛、祛风通络等功效，可治筋骨疼、风痹痛、蛲虫病等。

【菜谱】

1. 炸紫藤花

主料：紫藤花 400 克，鸡蛋 2 个。

调料：面粉、淀粉、食盐各适量。

制法：将紫藤花洗净用开水焯过，控水，盐腌好。面粉、淀粉、鸡蛋用水调成糊状。将紫藤花在面糊里蘸一下，入热油锅中炸至金黄色，捞出，趁热食之。

特点：酥香美味。

2. 紫藤面饼

主料：紫藤花、面粉各适量。

调料：白糖适量。

制法：紫藤花用水洗净，掺入面粉加水揉匀后包入白糖适量，制成饼，上锅烙熟即可。

特点：清香可口。

3. 紫藤花炒蛋

主料：紫藤花、鸡蛋各适量。

调料：食盐、生抽等各适量。

制法：将汆烫好的紫藤花沥干水打入鸡蛋，将鸡蛋打散放少许食盐和生抽调味，锅内放入油烧热后倒入蛋液，煎炒至两面呈金黄色后出锅。

功效：健脑益智，保肝，延年益寿，美容护肤等。

4. 紫藤烧排骨

主料：干紫藤花、猪仔排适量。

调料：精盐、味精、老抽、白糖、葱、姜、蒜、料酒、干辣椒等各适量。

制法：猪仔排改刀成 6 厘米长的段，下葱、姜、蒜，用调料调味烧熟。干紫藤花择洗干净，用葱、姜、蒜、干辣椒下锅调味烧熟，铺在盘底，上面摆上烧好的猪仔排，淋上烧排骨的原汁即可。

功效：利水消肿。

（五十八）竹笋 ◆

竹笋是竹的幼芽，也称为笋，分为毛竹笋（鞭笋、冬笋、春笋）、野生小笋、实心笋等。竹为多年生常绿禾本科植物，食用部分为初生、嫩肥、短壮的芽或鞭。竹笋是中国传统佳肴，味香质脆，食用极为悠久，在中国自古被当作"菜中珍品"。《诗经》中就有"加豆之实，笋菹鱼醢""其籁伊何，惟笋及蒲"等诗句，表明了人们食用竹笋已有 2 500～3 000年的历史。

【营养成分及作用】中医认为竹笋味甘、微寒，无毒。在药用上具有清热化痰、益气和胃、治消渴、利水道、利膈爽胃等功效。竹笋还具有低脂肪、低糖、多纤维的特点，食用竹笋不仅能促进肠道蠕动，帮助消化，去积食，防便秘，并有预防大肠癌的功效。

【菜谱】

1. 鞭笋清汤煲

主料：毛竹鞭笋 1 000 克，小排骨 500 克，青豆 250。

调料：枸杞子、葱少许，姜片 5 片，精盐、白糖、料酒各适量。

制法：先将毛竹鞭笋去壳、洗净，再把洗净的鞭笋老、嫩分离，嫩的部分切片。接着将鞭笋老的部分切段、拍碎，放入高压锅，加水压 5 分钟后，沥出笋汤待用。小排骨斩小块焯水、洗净。砂锅内放入小排骨、姜片、精盐、白糖、料酒等，倒入压好的笋汤，猛火烧沸，撇去浮沫。将切好的嫩笋片用料酒腌制片刻，放入砂锅中小火炖 20 分钟左右，加入枸杞子、香葱即可起锅。

功效：消痰化瘀滞，可降低体内多余脂肪。对高血压、高血脂、有一定的疗效。

2. 双味烩冬笋

主料：冬笋 500 克，冬菇、腊肉各 50 克。

调料：鸡汤适量，精盐、白糖、料酒、水淀粉少许。

制法：将冬笋去壳、洗净，冬笋、香菇、腊肉切片待用。将切好的冬笋放入锅中，加入鸡汤旺火烧沸，撇去浮沫后，转入小火炖15分钟左右。另取一炒锅，将炖好的冬笋片倒入锅中，旺火烧开，加入冬菇、腊肉片，及精盐、白糖、料酒等翻炒。待汤汁收浓，再加入水淀粉勾欠后即可装盘。

功效：清热，消痰，镇静。有助于增强机体的免疫功能，提高防病抗病能力。

3. 鲜肉炖春笋

主料：新鲜春白笋 1 500 克，新鲜猪肉 750 克。

调料：精盐、茴香、白糖、辣椒、香葱等少许，老酒适量。

制法：取新鲜毛竹春白笋，剥去笋壳，去老根、洗净，切成滚刀块待用。取新鲜猪肉切成 1 厘米厚的片待用。取一锅先放入春笋，再放入猪肉，加食盐、茴香、白糖、老酒、辣椒，再加水至 8 成满，盖锅猛火煮。水沸后去盖锅，然后小火煮 30 分钟左右，加香葱，起锅。

功效：富含植物纤维，可保持人体消化道润滑，促进胃肠蠕动，降低肠内压力，用于治疗便秘，预防肠癌。

4. 农家玉笋锅

主料：新鲜去壳野生水竹笋或实心笋 1 000 克，咸肉 250 克。

调料：精盐、白糖、香葱等少许，山茶油、老酒适量。

制法：将笋切成寸段，咸肉切成厚片。取一锅，放入山茶油，将咸肉片煸炒片刻，倒入开水，旺火烧开，放入笋以及精盐、白糖、老酒等调料，闷煮20分钟左右起锅，撒入香葱。

功效：可减少脂类物质在动脉管壁上的沉积，保持动脉血管的弹性。

图书在版编目（CIP）数据

森林蔬菜（山野菜）鉴别与加工 / 丁敏，倪荣新，宋艳冬主编 . —北京：中国农业出版社，2019.5
ISBN 978 - 7 - 109 - 25487 - 9

Ⅰ. ①森… Ⅱ. ①丁… ②倪… ③宋… Ⅲ. ①野生植物－蔬菜－鉴别②野生植物－蔬菜加工 Ⅳ. ①S647

中国版本图书馆 CIP 数据核字（2019）第 088027 号

中国农业出版社出版
（北京市朝阳区麦子店街 18 号楼）
（邮政编码 100125）
责任编辑 周益平 张雯婷

中农印务有限公司印刷 新华书店北京发行所发行
2019 年 5 月第 1 版 2019 年 5 月北京第 1 次印刷

开本：720mm×960mm 1/32 印张：7
字数：130 千字
定价：38.00 元
（凡本版图书出现印刷、装订错误，请向出版社发行部调换）